电力行业"十四五"规划教材
职业教育电力技术类项目制教材

电力调控仿真实训

DIANLI DIAOKONG FANGZHEN SHIXUN

主 编 杨 峥
副主编 李 兵 张 宇 史奕龙

中国电力出版社
CHINA ELECTRIC POWER PRESS

图书在版编目（CIP）数据

电力调控仿真实训/杨峥主编 . —北京：中国电力出版社，2025.8
ISBN 978 - 7 - 5198 - 8207 - 5

Ⅰ.①电…　Ⅱ.①杨…　Ⅲ.①电力系统调度－系统仿真　Ⅳ.①TM73

中国国家版本馆 CIP 数据核字（2023）第 192435 号

出版发行：中国电力出版社
地　　址：北京市东城区北京站西街 19 号（邮政编码 100005）
网　　址：http://www.cepp.sgcc.com.cn
责任编辑：牛梦洁（010 - 63412528）
责任校对：黄　蓓　于　维
装帧设计：郝晓燕
责任印制：吴　迪

印　　刷：三河市航远印刷有限公司
版　　次：2025 年 8 月第一版
印　　次：2025 年 8 月北京第一次印刷
开　　本：787 毫米×1092 毫米　16 开本
印　　张：7.5
字　　数：180 千字
定　　价：39.00 元

本书编写组

主　编　杨　峥

副主编　李　兵　张　宇　史奕龙

编　写　刘传新　段武钢　郑　鑫　赵　慧　霍晓峰　吴　丹

　　　　　管仙美　毛文杰　马霄龙　侯小琳　樊玉霞　丰　栋

　　　　　李　虎

前　　言

为认真贯彻落实党和国家关于职业教育改革的部署和公司职业院校改革发展精神，推进"三教"（教师、教材、教法）改革，提高国家电网公司职业院校教育质量。按照国家电网公司"开发出版一系列具有公司特色、贴近生产实际的新时代职业院校电力专业教材"要求，遵照突出立德树人、突出产教融合、突出行动教学、突出评价导向的原则，以调控专业工作实际为主导方向，重在培养学生（学员）操作技能。本书的编写工作由国网山西省电力公司牵头，国网浙江省电力公司协助共同完成。

全书由国网山西省电力公司人资部杨峥担任主编。国网山西技培中心大同分部李兵、国网山西省电力公司人资部张宇、国网山西省电力公司人资部史奕龙担任副主编。

本书共五个情境。电网主接线及运行方式由全体编写组成员共同设计完成。其中，情境一由国网山西技培中心大同分部马霄龙编写，情境二由国网浙江省电力公司吴丹、毛文杰、管仙美编写，情境三由国网山西省电力公司太原供电公司段武钢编写，情境四由国网山西省电力公司大同供电公司刘传新、郑鑫与国网山西省电力公司临汾供电公司赵慧编写，情境五由国网山西省电力公司晋中供电公司霍晓峰编写。其他参编人员有国网山西技培中心大同分部侯小琳、丰栋、樊玉霞、李虎。国网山西省电力公司大同供电公司刘传新担任主审，国网山西技培中心大同分部高虹霞、吴德华参审。

由于编者业务水平及工作经验有限，书中难免存在疏漏和不妥之处，敬请广大读者指正。

编者

2024 年 5 月

目 录

情境一　电力调控仿真系统应用

情境描述

　　该情境包含一项任务，为电力调控仿真系统功能应用。核心知识点是电力调控仿真系统和电网接线的概念。关键技能项包含了解系统的功能和应用及仿真系统的基本操作。

情境目标

　　通过该情境学习应该达到的知识目标是对电力调控仿真系统有总体的了解，了解系统的功能和应用；应该达到的能力目标是能够通过应用电力调控仿真系统掌握电网接线、运行方式的特点，掌握电力系统正常、异常、事故时的画面调阅；应该达到的素质目标是树立电网架构全局的概念。

任务　电力调控仿真系统功能应用

【任务目标】

　　了解电力调控仿真系统各项功能的使用。

【任务描述】

　　该任务主要了解电力调控仿真系统告警信息窗结构、"四遥"功能等，了解电力调控仿真系统中异常及故障的设置方法。

【知识准备】

一、告警信息窗结构

告警信息窗可分为菜单和工具栏区域、告警信息显示区域及状态栏区域三部分。

二、"四遥"功能

"四遥"功能是指遥测、遥信、遥控、遥调功能。

遥测是指远方采集变电站模拟量数据，模拟量数据是能反映数据连续变化的物理量，例如变电站母线电压，线路电流、有功功率、无功功率，直流母线电压等。

遥信是指远方采集变电站开关量数据，开关量是能够反映数据断续变化的量，如断路器及隔离开关分、合，保护动作等。

遥控是指远方操作断路器、带有电动操动机构的隔离开关及接地开关等设备分、合的功能。

遥调是指远方调整变压器分接头，实现调整变电站母线电压的功能。

【任务实施】

一、告警信息窗功能

1. 告警信息窗启动

告警信息窗在有新信号产生时会自动弹出，也可通过总控台界面调出，总控台界面如图1-1所示。

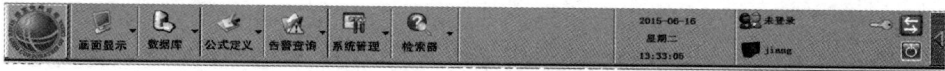

图1-1　总控台界面

点击图1-1界面的"告警查询"按钮，弹出告警信息窗，告警信息窗界面如图1-2所示。

图1-2　告警信息窗界面

2. 告警信息窗功能区域

如图1-2所示，告警信息窗可分为三部分，分别为菜单和工具栏区域、告警信息显示区域及状态栏区域。

（1）菜单和工具栏区域。告警信息窗界面最上面的是菜单和工具栏区域，菜单和工具栏区域如图1-3所示。

图1-3　菜单和工具栏区域

（2）告警信息显示区域。告警信息窗界面的中间部分是告警信息显示区域，告警信息显示区域如图1-4所示。由图1-4可知，该区域分为两栏，可分类型切换显示。其中，上面一栏显示未复归的信息，下面一栏显示所有信息，按时间倒序排列。

全部信息	事故信号区	异常信号区	越限信号区	变位信号区	告知信号区	告警直传	显示SOE
标记	时间			厂站	设备		状态
未确认	2015年06月16日15:29:47:527			正阳站	35kVⅡ母电压越下限(电压:0.000kV)		动作
未确认	2015年06月16日15:42:158			正阳站	全站事故总信号		动作
未确认	2015年06月16日15:42:158			正阳站	全站事故总信号		动作
未确认	2015年06月16日15:42:158			正阳站	站用电2号备自投装置出口		动作
未确认	2015年06月16日15:42:158			正阳站	站用电2号备自投装置出口		动作
未确认	2015年06月16日15:29:39:385			正阳站	35kV#2站用变3520开关二次设备或回路告警		动作
未确认	2015年06月16日15:29:39:377			正阳站	35kV#2站用变装置故障		动作
未确认	2015年06月16日15:29:39:377			正阳站	35kV#2站用变TV断线		动作
标记	时间			厂站	设备		状态
未确认	2015年06月16日15:29:47:527			正阳站	35kVⅡ母电压越下限(电压:0.000kV)		复归
未确认	2015年06月16日15:29:42:451			正阳站	#2主变一次设备故障		复归
未确认	2015年06月16日15:29:42:451			正阳站	#2主变一次设备故障		复归
未确认	2015年06月16日15:29:42:451			正阳站	#1主变一次设备故障		复归
未确认	2015年06月16日15:29:42:443			正阳站	#2主变冷却器二组电源消失		复归
未确认	2015年06月16日15:29:42:443			正阳站	#1主变冷却器二组电源消失		复归
未确认	2015年06月16日15:29:42:368			正阳站	站用电交流电源异常		复归
未确认	2015年06月16日15:29:42:368			正阳站	站用电交流电源异常		复归
未确认	2015年06月16日15:29:42:368			正阳站	0号站用变3820低压开关		合闸
未确认	2015年06月16日15:29:42:268			正阳站	2号站用变382低压开关		分闸
未确认	2015年06月16日15:29:42:158			正阳站	全站事故总信号		动作
未确认	2015年06月16日15:29:42:158			正阳站	全站事故总信号		动作
未确认	2015年06月16日15:29:42:158			正阳站	站用电2号备自投装置出口		动作
未确认	2015年06月16日15:29:41:260			正阳站	#2主变35kV侧3502开关间隔事故信号		复归

图 1-4　告警信息显示区域

（3）状态栏区域。告警信息窗界面的最下面为状态栏区域，显示统计信息，状态栏区域如图 1-5 所示。

图 1-5　状态栏区域

3. 工具栏操作功能

（1）全部确认。在工具栏中，点击▨按钮，即确认所有未确认的告警。告警确认后光字会清闪。

（2）删除所有告警。点击工具栏中的▨按钮可将告警窗中所有告警删除。

（3）语音告警状态设置。点击工具栏中的▨按钮可对语音告警功能进行切换设置。若关闭语音告警，则该按钮变为▨，再次点击按钮可切换为打开语音告警。

（4）固定滚动条设置。点击工具栏中的▨按钮即可对全部告警窗显示区域的滚动条进行固定设置，主要用于调度员查看历史告警信息时避免实时告警信息显示对正在查看内容的干扰。若未设置固定滚动条，此时如有告警内容刷新，滚动条将自动显示最新的告警内容。

（5）告警信息厂站过滤。点击工具栏▨所有厂站▨中的下拉菜单按钮即可通过该下拉菜单进行厂站选择，告警窗将显示所选厂站内容。

4. 告警事项操作功能

左键单击选择需要操作的告警信息记录，可选择单条，也可按键盘中的"Ctrl"键选择多条，或者按"Shift"键选择连续的多条；单击右键弹出操作菜单，告警事项操作菜单如图 1-6 所示。

（1）确认信息。左键单击"确认信息"按钮，即可确认所选告警信息事项，标记变位"已确认"，并把对应光字清闪。也可通过左键双击某条告警信息来确认告警信息。

（2）查看厂站接线图。左键单击"查看厂站接线图"按钮，画面浏览器窗口调出该条告警信息所属厂站的接线图画面。

（3）检查操作。左键单击某一行告警信息，即完成对该条告警的检查功能，检查可形成

图 1-6　告警事项操作菜单

操作记录。

二、"四遥"功能

1. 遥信操作

（1）系统全遥信对位。断路器、隔离开关等遥信发生变位后，厂站图上变位的断路器、隔离开关等遥信将闪烁显示，用以提示变位信息。"系统全遥信对位"即对全系统所有厂站进行遥信对位确认停闪操作，恢复系统中所有厂站遥信的正常显示，同时告警窗会同步进行告警确认。

（2）厂站全遥信对位。"厂站全遥信对位"即在当前厂站中进行全部遥信对位确认停闪操作，恢复当前厂站中的全部遥信的正常显示，同时告警窗会同步进行告警确认。

（3）遥信封锁。选择该菜单项可以对断路器进行人工置位操作。点击"遥信封锁"菜单项，弹出子菜单进行具体选择，遥信封锁界面如图 1-7 所示。

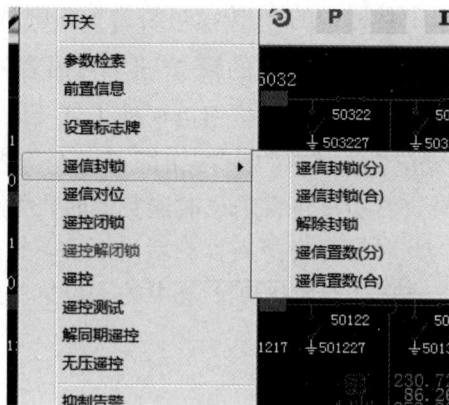

图 1-7　遥信封锁界面

（4）遥信对位。单个断路器变位后，将闪烁显示，用以提示变位信息。"遥信对位"操作确认并停止闪烁，恢复断路器正常显示，告警窗变位告警会同步确认。

（5）光字牌操作。在间隔图中光字牌图元右键单击，弹出光字牌操作菜单，光字牌操作界面如图 1-8 所示。

1）确认：如果光字闪烁，点击"确认"按钮，可对光字进行清闪。

2）封锁合/封锁分/解封锁：可封锁光字的分合状态，模拟不刷新状态。"解封锁"可解除光字牌的封锁状态。

3）全部确认：可将图 1-8 上所有未确认的光字牌信号进行确认，告警窗上该光字牌的变位信息也会同时确认。

2. 遥测操作

在设备的遥测按钮处，右键单击，可弹出对应操作菜单，遥测操作界面如图 1-9 所示。

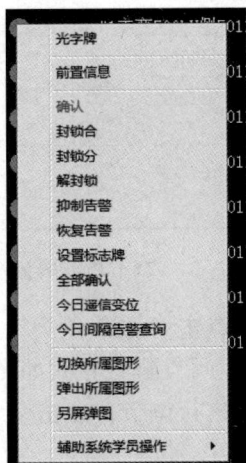

图 1-8　光字牌操作界面　　　　图 1-9　遥测操作界面

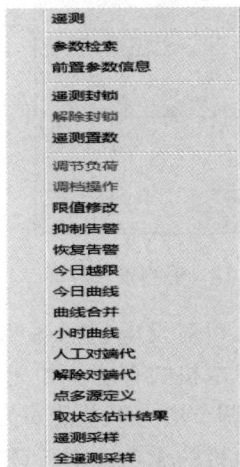

（1）参数检索。左键单击"参数检索"按钮，弹出对应操作界面，参数检索界面如图 1-10 所示，在此界面可查看设备信息。

（2）遥测封锁/解除封锁。"遥测封锁"可封锁遥测值，模拟不刷新状态。点击"遥测封锁"按钮，弹出对应界面，遥测封锁界面如图 1-11 所示，在对话框中输入封锁值及备注（备注部分为可选项，根据调度员习惯，可以空缺），点击"确定"按钮，将当前设备的遥测值固定为输入的封锁值，直到"解除封锁"为止。"解除封锁"可解除遥测量的封锁状态。

图 1-10　参数检索界面　　　　图 1-11　遥测封锁界面

（3）遥测置数。选择该菜单项，弹出遥测量置数对话框，遥测置数界面如图 1-12 所示，在对话框中输入需要的置入值，点击"确认"按钮，将当前设备的遥测值设为输入值。

（4）调节负荷。可对等值为负荷的线路遥测值进行调节，点击"调节负荷"按钮，弹出对应界面，在此界面可对负荷的有功值和无功值进行调节。调节负荷界面如图 1-13 所示。

点击负荷的有功值，"调节负荷"功能对负荷的有功值进行调节；点击负荷的无功值，"调节负荷"功能对负荷的无功值进行调节。

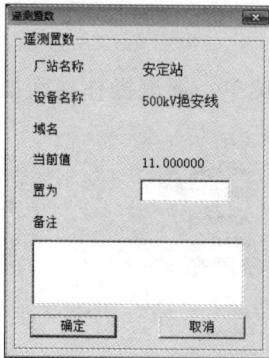

图 1-12　遥测置数界面

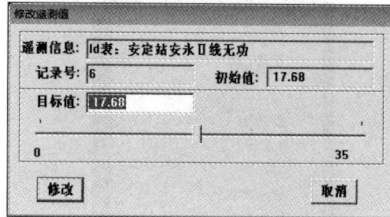

图 1-13　调节负荷界面

（5）调节出力。可对发电机的遥测值进行调节，点击"调节出力"按钮，弹出对应界面，在此界面可对发电机的有功值和无功值进行调节，调节出力界面如图 1-14 所示。点击发电机的有功值，"调节出力"功能对发电机的有功值进行调节；点击发电机的无功值，"调节出力"功能对发电机的无功值进行调节。

3. 遥控操作

可对选择设备进行遥控操作，点击"遥控"按钮，弹出对应操作界面，遥控操作界面如图 1-15 所示。

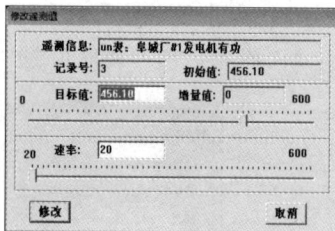

图 1-14　调节出力界面

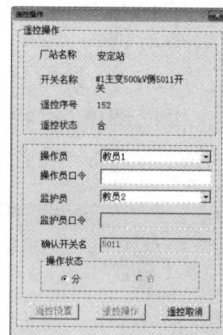

图 1-15　遥控操作界面

遥控操作过程如下：

（1）选择操作员，输入操作员口令，按回车键，监护员口令变为可编辑状态。

（2）选择监护员，输入监护员口令，按回车键，确认开关名变为可编辑状态。

（3）确认开关名，按回车键，遥控预置变为可操作状态。

（4）点击"遥控预置"，弹出"预置成功"提示框，"遥控操作"变成可操作状态。遥控操作预置成功界面如图 1-16 所示。

（5）点击"遥控操作"，选择操作的断路器/隔离开关开始变

图 1-16　遥控操作
预置成功界面

位，选择用户名并输入密码进行操作。

4. 遥调操作

右键单击变压器档位的遥测值，弹出对应界面进行档位操作。主变压器档位遥测点操作界面如图 1-17 所示。

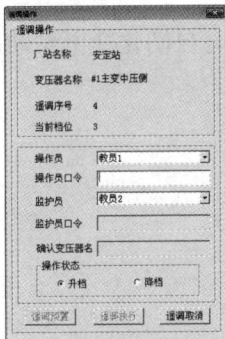

点击"遥调操作"按钮，弹出对应界面进行遥调操作。遥调操作界面如图 1-18 所示。

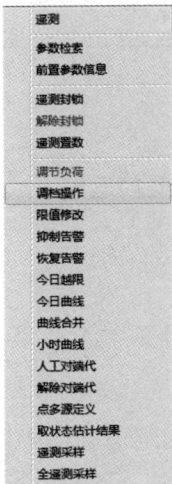

图 1-17　主变压器档位遥测点操作界面　　　图 1-18　遥调操作界面

【任务评价】

任务完成后需认真填写任务评价表，电力调控仿真系统应用任务评价表见表 1-1。

表 1-1　　　　　　　　　　　　**电力调控仿真系统应用任务评价表**

电力调控仿真系统应用

姓名		学号					
序号	评分项目	评分内容及要求	评分标准	扣分	得分	备注	
1	预备工作（10 分）	（1）规范着装。（2）工作环境检查到位	（1）未按照规定着装，每处扣 1 分。（2）检查工作台是否整洁、准备工作是否充分、资料是否完备。不满足一项扣 2 分。（3）其他不符合条件，酌情扣分				
2	"四遥"信息（40 分）	掌握"四遥"信息概念及信息流程	（1）"四遥"信息概念不完整或错误酌情扣 5～10 分。（2）信息流程错误酌情扣 5～10 分。（3）以上扣分，扣完为止				
3	监控画面调阅及操作（50 分）	掌握电网正常、异常、事故时画面调阅与操作	（1）电网正常、异常、事故时的画面调阅检查不全或错误，酌情扣分，不超过 30 分。（2）遥调等操作错误，酌情扣分，不超过 20 分				

续表

序号	评分项目	评分内容及要求	评分标准	扣分	得分	备注
4	总分 100 分					

| 开始时间：　　　时　　分
结束时间：　　　时　　分 | | | | 实际时间：
　　　时　　分 | | |
| 教师 | | | | | | |

【任务扩展】

　　调度操作综合自动化变电站断路器，监控系统出现"遥控返校不成功"告警信息，应如何进行检查？

情境二　电网监控操作

情境描述

该情境包含两项任务，分别是电网监控信息及监控职责、电压越限分析及处理。核心知识点是电网监控的信息分类原则，电网监控职责，电压越限的原因、危害、分析判断方法及电压越限的处理方法。关键技能项包括了解监控职责，正确分析判断电压越限的现象及处理。

情境目标

通过该情境学习应该达到的知识目标是掌握电网监控的信息分类原则，了解电网监控职责，了解电压越限时的电压现象；应该达到的能力目标是能够对监控信息进行初步的分析判断，能够区分并正确处理不同情况下的电压越限事件，掌握电压越限的原因、危害、分析判断方法及电压越限处理的方法；应该达到的素质目标是牢固树立电压越限处理操作中的安全风险防范意识，掌握危险点及预控措施。

任务一　电网监控信息及监控职责

【任务目标】

掌握对监控信息进行初步分析判断的方法。

【任务描述】

该任务主要介绍电网监控信息分类原则，旨在了解电网监控职责。

【知识准备】

电网监控信息分为事故、异常、越限、变位、告知五类。

1. 事故

事故信息是指反映各类事故的监控信息，包括：①全站事故总信息；②单元事故总信息；③各类保护、安全自动装置动作信息；④断路器异常变位信息。

2. 异常

异常信息是指反映电网设备非正常运行状态的监控信息，包括：①一次设备异常告警信息；②二次设备、回路异常告警信息；③自动化、通信设备异常告警信息；④其他设备异常告警信息。

3. 越限

越限信息是指遥测量越过限值的告警信息。

4. 变位

变位信息是指各类断路器、装置软压板等状态改变信息。

5. 告知

告知信息是指一般的提醒信息，包括油泵启动、隔离开关变位、主变压器分接开关档位变化、故障录波启动等信息。

【任务实施】

一、监控信息处置

监控信息处置以"分类处置、闭环管理"为原则，分为信息收集、实时处置、分析处理三个阶段。

（一）信息收集

值班监控人员（以下简称"监控员"）通过监控系统发现监控告警信息后，应迅速确认，根据情况对以下相关信息进行收集：①告警发生时间；②保护动作信息；③断路器变位信息；④关键断面潮流、频率、电压的变化等信息；⑤监控画面推图信息；⑥现场视频信息（必要时）。

（二）实时处置

实时处置分为事故信息实时处置、异常信息实时处置、越限信息实时处置、变位信息实时处置、告知类监控信息实时处置五类。

1. 事故信息实时处置

具体步骤如下：

（1）监控员收集到事故信息后，按照有关规定及时向相关调度汇报，并通知运维单位检查。

（2）运维单位在接到监控员通知后应迅速组织现场检查，检查结果及时向相关值班调度员和监控员进行汇报。

（3）事故信息处置过程中，监控员应按照调度指令进行事故处理，并监视相关变电站运行工况，跟踪了解事故处理情况。

（4）事故信息处置结束后，现场运维人员应检查现场设备运行状态，并与监控员核对设备运行状态与监控系统是否一致。监控员应对事故发生、处理和联系情况进行记录，并填写事故信息专项分析报告。

2. 异常信息实时处置

具体步骤如下：

（1）监控员收集到异常信息后，应进行初步判断，通知运维单位检查处理，必要时汇报相关调度。

（2）运维单位在接到通知后应及时组织现场检查，并向监控员汇报现场检查结果及异常处理措施。如异常处理涉及电网运行方式改变，运维单位应直接向相关调度汇报，同时告知监控员。

（3）异常信息处置结束后，监控员应确认异常信息已复归，并做好异常信息处置的相关记录。

3. 越限信息实时处置

具体步骤如下：

（1）监控员收集到输变电设备越限信息后，应汇报相关调度，并根据情况通知运维单位进行检查处理。

（2）监控员收集到变电站母线电压越限信息后，应根据有关规定，按照相关调度颁布的电压曲线及控制范围，投切电容器、电抗器和调节变压器有载分接开关，如无法将电压调整至控制范围内时，应及时汇报相关调度。

4. 变位信息实时处置

监控员收集到变位信息后，应确认设备变位情况是否正常。如变位信息异常，应根据情况参照事故信息或异常信息进行处置。

5. 告知类监控信息实时处置

告知类监控信息实时处置由运维单位负责。

（三）分析处理

（1）对于监控员无法完成闭环处置的监控信息，应及时协调运检部门和运维单位进行处理，并跟踪处理情况。

（2）对监控信息处置情况应每月进行统计。对监控信息处置过程中出现的问题，应及时会同调度、自动化和运维单位总结分析，落实改进措施。

二、监控职责

（一）调控中心监控职责

调控中心负责监控范围内变电站设备监控信息和状态在线监测告警信息的集中监视。具体如下：

（1）负责监视变电站运行工况。

（2）负责监视变电站设备事故、异常、越限及变位信息。

（3）负责监视输变电设备状态在线监测系统告警信号。

（4）负责监视变电站消防、技防系统告警总信号。

（二）设备集中监视

设备集中监视分为全面监视、正常监视和特殊监视。

1. 全面监视

全面监视是指监控员对所有监控变电站进行全面的巡视检查，全面监视内容包括：

（1）检查变电站设备运行工况和无功电压。

（2）检查站用电系统运行工况。

（3）检查变电站设备遥测功能情况。

（4）核对监控系统检修置牌情况。

（5）核对监控系统信息封锁情况。

（6）检查监控系统、设备状态在线监测系统和监控辅助系统（视频监控、五防系统等）的运行情况。

（7）检查变电站监控系统远程浏览功能情况。

（8）检查监控系统 GPS 时钟运行情况。

（9）核对未复归监控信号及其他异常信号。

2. 正常监视

正常监视是指监控员值班期间对变电站设备事故、异常、越限、变位信息及设备状态在线监测告警信息进行不间断监视。要求监控员在值班期间不得遗漏监控信息，对各类告警信息应及时确认。发现并确认的监控信息应按照要求及时进行处置并做好记录。

3. 特殊监视

特殊监视是指在某些特殊情况下，监控员对变电站设备采取的加强监视措施，如增加监视频率、定期抄录相关数据、对相关设备或变电站进行固定画面监视等，并做好事故预想及各项应急准备工作。遇有下列情况，应对变电站相关区域或设备开展特殊监视：

（1）设备有严重或危急缺陷，需加强监视时。

（2）新设备试运行期间。

（3）设备重载或接近稳定限额运行时。

（4）遇特殊恶劣天气时。

（5）重点时期及有重要保电任务时。

（6）电网处于特殊运行方式时。

（7）其他有特殊监视要求时。

（三）监控职责移交

1. 监控职责移交情形

出现以下情形，调控中心应将相应的监控职责临时移交运维单位：

（1）变电站站端监控系统异常，监控数据无法正确上送调控中心。

（2）调控中心监控系统异常，无法正常监视变电站运行情况。

（3）变电站与调控中心通信通道异常，监控数据无法上送调控中心。

（4）变电站设备检修或者异常，频发告警信息影响正常监控功能。

（5）其他原因造成调控中心无法对变电站进行正常监视。

2. 监控职责移交注意事项

（1）监控职责临时移交时，监控员应以录音电话方式与运维单位明确移交范围、时间、移交前运行方式等内容，并做好相关记录。

（2）监控职责移交完成后，监控员应将移交情况向相关调度进行汇报。

（四）监控职责收回

（1）监控员确认监控功能恢复正常后，应及时以录音电话方式通知运维单位，重新核对变电站运行方式和监控信息，收回监控职责，并做好相关记录。

（2）收回监控职责后，监控员应将移交情况向相关调度进行汇报。

三、监控远方操作职责及范围

（一）监控员操作职责

（1）按规定接受、执行调度指令，正确完成规定范围内的遥控操作。

（2）负责与相关调度、运维单位之间进行监控远方操作有关的业务联系。

（3）负责监控范围内变电站的无功电压调整。

（二）监控远方操作范围

（1）拉合断路器的单一操作。

（2）调节变压器有载分接开关。

（3）投切电容器、电抗器。

（4）其他允许的遥控操作。

（三）监控远方操作规定

（1）监控员进行监控远方操作应服从相关值班调度员（以下简称"调度员"）统一指挥。

（2）监控员在接受调度操作指令时应严格执行复诵、录音和记录等制度。

（3）监控员执行的调度操作任务，应由调度员将操作指令发至监控员。监控员对调度操作指令有疑问时，应询问调度员，核对无误后方可操作。

（4）监控远方操作前应考虑操作过程中的危险点及预控措施。

（5）进行监控远方操作时，监控员应核对相关变电站一次系统图，严格执行模拟预演、唱票、复诵、监护、录音等要求，确保操作正确。

（6）监控远方操作中，若发现电网或现场设备发生事故及异常，影响操作安全时，监控员应立即终止操作并报告调度员，必要时通知运维单位。

（7）监控远方操作中，若监控系统发生异常或遥控失灵，监控员应停止操作并汇报调度员，同时通知相关专业人员处理。

（8）监控远方操作中，监控员若对操作结果有疑问，应查明情况，必要时应通知运维单位核对设备状态。

（9）监控远方操作完成后，监控员应及时汇报调度员，告知运维单位，对已执行的操作票应履行相关手续，并归档保存，做好相关记录。

（四）无功电压调整操作

（1）监控员应根据相关调度颁布的电压曲线及控制范围，投切电容器、电抗器和调节变压器有载分接开关，操作完毕后做好记录。

（2）由调度员直接发令操作的电容器、电抗器，监控员应按调度指令执行。

（3）自动电压控制系统（以下简称"AVC系统"）异常，不能正常控制变电站无功电压设备时，监控员应汇报相关调度，将受影响的变电站退出AVC系统控制，并通知相关专业人员进行处理。退出AVC系统控制期间，监控员应按照电压曲线及控制范围调整变电站母线电压。

（4）AVC系统控制的变电站电容器、电抗器或变压器有载分接开关需停用时，监控员应按照相关规定将相应间隔退出AVC系统。

【任务评价】

任务完成后需认真填写任务评价表，电网监控信息及监控职责任务评价表见表2-1。

表2-1　　　　　　　**电网监控信息及监控职责任务评价表**

电网监控信息及监控职责						
姓名		学号				
序号	评分项目	评分内容及要求	评分标准	扣分	得分	备注
1	预备工作 （10分）	（1）规范着装。 （2）工作环境检查到位	（1）未按照规定着装，每处扣1分。 （2）检查工作台是否整洁、准备工作是否充分、资料是否完备，不满足一项扣2分。 （3）其他不符合条件，酌情扣分			

续表

序号	评分项目	评分内容及要求	评分标准	扣分	得分	备注
2	监控信息分类及监控信息处置（30分）	掌握电网监控信息分类原则、五类监控信息内容及监控信息处置规定	（1）监控信息分类原则错误或缺失酌情扣分。 （2）监控信息内容错误或缺失酌情扣分。 （3）以上扣分，扣完为止			
3	监控职责（20分）	掌握监控职责	监控范围内变电站设备监控信息和状态在线监测告警信息的集中监视内容错误酌情扣分，扣完为止			
4	监控远方操作职责及范围（30分）	掌握监控远方操作职责及范围、远方操作规定	（1）监控远方操作职责及范围错误或不全面酌情扣分。 （2）监控远方操作规定错误或不全面酌情扣分。 （3）以上扣分，扣完为止			
5	综合素质（10分）	（1）着装整齐，精神饱满。 （2）现场组织有序，工作人员之间配合良好。 （3）独立完成相关工作。 （4）执行工作任务时，条理清晰，记录详细。 （5）遵守电力安全规定及相关规程	酌情扣分，扣完为止			
6	总分100分					

开始时间：　　　时　　　分 结束时间：　　　时　　　分	实际时间： 　　　时　　　分
教师	

任务二　电压越限分析及处理

【任务目标】

能够掌握处理电压越限的方法。

【任务描述】

该任务介绍电力系统出现电压越限的原因、危害，给出电压调整的具体措施，并利用实训进行巩固。

【知识准备】

一、电压越限判断

电网无功补偿遵循"分层分区、就地平衡"的原则。电网电压的调整、控制和管理，由各级调控机构按调管范围分级负责。值班监控员和厂站运行值班人员，负责监控范围内母线运行电压，控制母线运行电压在电压曲线限值内。

二、电压越限危害

当电网无功过剩时，电压升高；当电网无功不足时，电压降低。低电压可造成电炉、电热、整流、照明等设备无法达到额定功率，甚至无法正常工作，会造成线路和变压器传输能力降低，造成不必要的网损。

高电压可能造成负荷设备减寿或损坏，会增加变压器的励磁损耗，造成输变电设备绝缘寿命缩短甚至绝缘破坏。

【任务实施】

一、无功电压调整方法

（1）调整发电机、调相机无功出力，调整风电场风电机组和光伏电站并网逆变器的无功出力，投切或调整无功补偿设备、交流滤波器等设备达到无功就地平衡。

（2）对于换流站母线电压控制，一般采用交流滤波器自动投切方式，特殊情况下，可手动投切交流滤波器。

（3）在无功就地平衡前提下，当变压器二次侧母线电压仍偏高或偏低，可以带负荷调整有载调压变压器分接头运行位置。

（4）调整直流输电系统功率或电压。

（5）调整电网接线方式，改变潮流分布，包括转移部分负荷等。

二、案例学习

（一）C 站 10kV Ⅱ段母线电压偏高

1. 处理步骤

（1）拉开 10kV 512 断路器，将 2 号电容器退出运行。

（2）遥调降低 2 号主变压器分接头档位。

（3）观察 C 站 110kV Ⅰ、Ⅱ段母线电压水平。若电压偏高，则可遥调降低电源侧 A 站 1、2 号主变压器档位，注意控制其他变电站电压不越限。

（4）拉开 10kV 516 断路器，将负荷 6 线路（空载充电）拉停。

（5）调整 D 开关站运行方式，适当增大 10kV CD 线路有功潮流。

（6）若采取以上措施后电压依然越限，观察 C 站 10kV Ⅰ段母线电压在合格范围且 1、2 号主变压器档位差不超过 1 档，可合上 10kV 分段 500 断路器，将 10kV Ⅰ、Ⅱ段母线并列。

2. 注意事项

（1）操作时注意观察 10kV Ⅱ段母线电压变化，采取（1）～（6）项措施后，电压可能会越下限。

（2）操作完毕后，注意控制并恢复 10kV Ⅱ段母线电压至合格范围。

（二）C 站 10kV Ⅱ段母线电压偏低

1. 处理步骤

（1）合上 10kV 512 断路器，将 2 号电容器投入运行。

（2）遥调升高 2 号主变压器分接头档位。

（3）观察 C 站 110kV Ⅰ、Ⅱ段母线电压水平。若电压偏低，则可遥调升高电源侧 A 站 1、2 号主变压器档位，注意控制其他变电站电压不越限。

（4）合上 10kV 516 断路器，将负荷 6 线路（空载充电）投入运行。

（5）调整 D 开关站运行方式，适当降低 10kV CD 线路有功潮流。

（6）若采取以上措施后电压依然越限，观察 C 站 10kV Ⅰ段母线电压在合格范围且 1、2 号主变压器档位差不超过 1 档，可合上 10kV 分段 500 断路器，将 10kV Ⅰ、Ⅱ段母线并列。

2. 注意事项

（1）操作时注意观察 10kV Ⅱ段母线电压变化，采取（1）～（6）项措施后，电压可能会越上限。

（2）操作完毕后，注意控制并恢复 10kV Ⅱ段母线电压至合格范围。

【任务评价】

任务完成后需认真填写任务评价表，电压越限分析及处理任务评价表见表 2-2。

表 2-2　　　　　　　　　　　电压越限分析及处理任务评价表

电压越限分析及处理						
姓名		学号				
序号	评分项目	评分内容及要求	评分标准	扣分	得分	备注
1	预备工作（10分）	（1）规范着装。 （2）工作环境检查到位	（1）未按照规定着装，每处扣 1 分。 （2）检查工作台是否整洁、准备工作是否充分、资料是否完备，不满足一项扣 2 分。 （3）其他不符合规定，酌情扣分			
2	电压越限判断准确（20分）	（1）越限现象描述完整、准确。 （2）判据理由充分。 （3）判断正确	（1）电压合格范围区间不清楚扣 5 分。 （2）电压越限判断错误扣 5 分。 （3）以上扣分，扣完为止			

续表

序号	评分项目	评分内容及要求	评分标准	扣分	得分	备注
3	电压越限处置快速正确（30分）	（1）异常处置过程规范得当。 （2）异常处置快速正确	（1）处置过程记录完整、思路清晰，记录每缺一条扣2分。 （2）误处置引起电压越限加剧，每次误处置扣3分。 （3）快速正确处置，15min内完成处置不扣分，每超时1min扣1分。 （4）违反电气安全工作规程，严重误操作每次扣15分。 （5）以上扣分，扣完为止			
4	电压越限处理报告（30分）	完整填写处理报告	（1）未填写处理报告，扣10分。 （2）处置后电压未恢复合格范围，扣10分。 （3）处理报告填写不全，每处扣1分			
5	综合素质（10分）	（1）着装整齐，精神饱满。 （2）现场组织有序，工作人员之间配合良好。 （3）独立完成相关工作。 （4）执行工作任务时，条理清晰，记录详细。 （5）遵守电力安全规定及相关规程	酌情扣分，扣完为止			
6	总分100分					

开始时间：　　时　　分 结束时间：　　时　　分		实际时间： 　　时　　分
教师		

【任务扩展】

（1）B站10kV Ⅰ段母线电压越上限该如何处理？

（2）A站35kV Ⅱ段母线电压越下限该如何处理？

情境三　电网停送电操作实训

情 境 描 述

　　该情境包含四项任务，分别是线路停送电操作实训，主变压器停送电操作实训，母线停送电操作实训，电力系统并、解列与合、解环操作实训。核心知识点是电网设备停送电操作方法、基本要领、操作顺序、注意事项。关键技能项包括正确进行电网设备停送电操作。

情 境 目 标

　　通过该情境学习应该达到的知识目标是掌握电网设备停送电操作的基本原则、操作顺序、注意事项。应该达到的能力目标是掌握电网设备停送电前潮流调整、相关保护和安全自动装置的调整，断路器和隔离开关的操作顺序，掌握电网并、解列与合、解环操作的基本要领。应该达到的素质目标是牢固树立电网设备停送电操作中的安全风险防范意识，掌握危险点及预控措施。

任务一　线路停送电操作实训

【任务目标】

　　掌握电气设备的状态，线路停送电操作的操作原则、操作流程、注意事项及危险点分析。

【任务描述】

　　该任务主要完成线路停送电具体操作，包括线路停电前潮流的调整、相关保护和安全自动装置的调整，线路停电时断路器和隔离开关的操作顺序，线路送电时充电端的选择、送电的约束条件。

【知识准备】

一、调度操作指令形式

调度操作指令形式有综合操作指令、逐项操作指令和单项操作指令三种。

（一）综合操作指令

综合操作指令是指值班调度员对一个单位下达的一个综合操作任务的指令，可用于只涉及一个单位的操作，如变电站倒母线和变压器的停送电等。

（二）逐项操作指令

逐项操作指令是指值班调度员按操作任务顺序逐项下达的指令，一般适用于涉及两个和以上单位的操作，以及必须在前一项操作完成后才能进行下一项的操作任务，如线路停送电等。调度员必须事先按操作原则填写操作票，操作时由值班调度员逐项下达操作指令，现场值班人员按指令逐项操作。

（三）单项操作指令

单项操作指令是指值班调度员发布的只对一个单位，只一项操作内容，由下级值班调度员或现场运行人员完成的操作指令。

二、填写操作票注意事项

值班调度员在填写操作票前应考虑以下问题：

（1）对电网的接线方式、有功功率、无功功率、潮流分布、频率、电压、电网稳定、一次设备相序相位、短路容量、通信及调度自动化等方面的影响。

（2）对调度管辖范围以外设备和供电质量有较大影响时，应事先通知有关单位。

（3）继电保护、自动装置是否配合，是否需要改变。

（4）变压器中性点接地方式是否需要变更。

（5）线路停送电操作要注意线路上是否有 T 接负荷。

（6）防止非同期并列。

（7）根据电网改变后的运行方式，重新规定新的事故处理办法，并做新的事故预想。

三、对调度操作票的填写要求

（1）调度操作票应按统一的规定格式和调度术语认真填写。

（2）调度操作票应包括执行任务本身的操作及由此引起的电网运行方式改变、继电保护及其自动装置变更的操作内容。

（3）调度操作票一般由负责指挥操作的值班调度员填写，并经该操作任务的监护调度员审核。

（4）调度操作票不允许涂改，出现错字和漏项等应加盖作废章。

（5）操作指令的顺序应用阿拉伯数字 1、2、3 等标明操作的序号，不得颠倒序号下令和操作。

四、电气设备的状态

电气设备有运行状态、热备用状态、冷备用状态、检修状态四种状态。

1. 运行状态

运行状态是指电气设备的断路器及隔离开关都在合闸位置，电气设备已带电。

2. 热备用状态

热备用状态是指设备断路器在断开位置，而隔离开关在合闸位置，其特点是断路器一经合闸即可带电。

3. 冷备用状态

冷备用状态是指设备的断路器及隔离开关都在断开位置，其特点是此设备与其他带电设备间有明显的断开点。

4. 检修状态

检修状态是指设备所有断路器及隔离开关均在断开位置，并合上接地开关或装设接地线。

五、倒闸操作

将电气设备由一种状态转变到另一种状态所进行的一系列一次侧、二次侧操作称为电气设备倒闸操作。

六、"五防"内容

电网运行操作中，防止误操作的"五防"内容如下：

（1）防止误拉、误合断路器。

（2）防止带负荷误拉、误合隔离开关。

（3）防止带电合接地开关或带电挂接地线。

（4）防止带接地开关误合断路器或用隔离开关送电。

（5）防止误入带电间隔。

七、线路停、送电操作注意事项

（1）线路停送电应考虑电压变化和潮流转移，特别注意防止其他设备过负荷或超过稳定限额，防止发电机自励磁及线路末端电压超过允许值。

（2）任何情况下严禁"约时"停电和送电。

（3）线路停电时，应在线路各侧断路器拉开后，先拉线路侧隔离开关，后拉母线侧隔离开关。当线路转检修时，应在线路可能受电的各侧都停止运行，相关隔离开关均已拉开后，方可在线路上做安全措施；反之，在未全部拆除线路上安全措施之前，不允许线路任一侧恢复备用。

（4）线路高压电抗器（无专用断路器）投停操作必须在线路冷备用状态或检修状态下进行。

【任务实施】

一、线路转检修时操作顺序

（1）拉开线路各侧断路器。

（2）先拉开线路侧隔离开关，后拉开母线侧隔离开关。这样做是因为即使发生意外情况或断路器实际上未断开，造成带负荷拉、合隔离开关所引起的故障点始终保持在断路器的负荷侧，这样可由断路器保护动作切除故障，把事故影响缩小在最小范围内。反之，将会使事故扩大，导致整条母线全部停电。

（3）可能来电的各端合接地开关（或挂接地线）。

（4）3/2接线方式，线路停电时一般应先拉开中间断路器，后拉开母线侧断路器，然后拉开线路侧隔离开关，最后拉开母线侧隔离开关。

二、线路转运行时的操作顺序

（1）拉开线路各端接地开关（或拆除接地线）。

（2）先合母线侧隔离开关，后合线路侧隔离开关。

（3）合上断路器。

（4）3/2接线方式，线路送电时一般应先合上母线侧隔离开关，再合上线路侧隔离开关，然后合上母线侧断路器，最后合上中间断路器。

三、案例学习（该案例操作均参考附录的电网主接线图）

（一）B站35kV出线6线由运行状态转检修状态

（1）B站拉开35kV出线6线316断路器。

（2）B站拉开35kV出线6线316-1隔离开关。

（3）B站拉开35kV出线6线316-3隔离开关。

（4）B站在35kV出线6线316-1隔离开关线路挂接地线一组。

（二）B站35kV出线6线由检修状态转运行状态

（1）B站拆除35kV出线6线316-1隔离开关线路接地线一组。

（2）B站合上35kV出线6线316-3隔离开关。

（3）B站合上35kV出线6线316-1隔离开关。

（4）B站合上35kV出线6线316断路器。

（三）C站10kV负荷5线由运行状态转检修状态

（1）C站拉开10kV负荷5线515断路器。

（2）C站将10kV负荷5线515小车断路器由运行位置拉至试验位置。

（3）C站将10kV负荷5线515小车断路器由试验位置拉至检修位置。

（4）C站在10kV负荷5线515小车断路器线路侧挂接地线一组。

（四）C站10kV负荷5线由检修状态转运行状态

（1）C站拆除10kV负荷5线515小车断路器线路侧接地线一组。

（2）C站将10kV负荷5线515小车断路器由检修位置推至试验位置。

（3）C站将10kV负荷5线515小车断路器由试验位置推至运行位置。

（4）C站合上10kV负荷5线515断路器。

（五）110kV AB线由运行状态转检修状态

（1）检查110kV AC线、CB线线路负荷不过负荷。

（2）B站退出110kV分段备用电源自动投入装置。

（3）B站投入110kV CB线121断路器线路保护。

（4）B站合上110kV分段120断路器。

（5）B站拉开110kV AB线122断路器。

（6）A站拉开110kV AB线111断路器。

（7）A站拉开110kV AB线111-1隔离开关。

（8）A站拉开110kV AB线111-南隔离开关。

（9）B站拉开110kV AB线122-1隔离开关。

（10）B站拉开110kV AB线122-3隔离开关。

（11）B站合上110kV AB线122-线0接地开关。

（12）A站合上110kV AB线111-线0接地开关。

（六）110kV AB线由检修状态转运行状态

（1）A站拉开110kV AB线111-线0接地开关。

（2）B站拉开110kV AB线122-线0接地开关。

（3）B站合上110kV AB线122-3隔离开关。

（4）B站合上110kV AB线122-1隔离开关。

（5）A站合上110kV AB线111-南隔离开关。

（6）A站合上110kV AB线111-1隔离开关。

（7）A站合上110kV AB线111断路器。

（8）B站合上110kV AB线122断路器。

（9）B 站拉开 110kV 分段 120 断路器。

（10）B 站退出 110kV CB 线 121 断路器线路保护。

（11）B 站投入 110kV 分段备用电源自动投入装置。

（七）110kV AC 线由运行状态转检修状态

（1）检查 110kV AB 线、CB 线线路负荷不过负荷。

（2）B 站退出 110kV 分段备用电源自动投入装置。

（3）B 站投入 110kV CB 线 121 断路器线路保护。

（4）B 站合上 110kV 分段 120 断路器。

（5）C 站拉开 110kV AC 线 131 断路器。

（6）C 站退出 110kV CB 线 132 断路器线路保护。

（7）A 站拉开 110kV AC 线 112 断路器。

（8）A 站拉开 110kV AC 线 112 - 1 隔离开关。

（9）A 站拉开 110kV AC 线 112 - 北隔离开关。

（10）C 站拉开 110kV AC 线 131 - 1 隔离开关。

（11）C 站拉开 110kV AC 线 131 - 3 隔离开关。

（12）C 站合上 110kV AC 线 131 - 线 0 接地开关。

（13）A 站合上 110kV AC 线 112 - 线 0 接地开关。

（八）110kV AC 线由检修状态转运行状态

（1）A 站拉开 110kV AC 线 112 - 线 0 接地开关。

（2）C 站拉开 110kV AC 线 131 - 线 0 接地开关。

（3）C 站合上 110kV AC 线 131 - 3 隔离开关。

（4）C 站合上 110kV AC 线 131 - 1 隔离开关。

（5）A 站合上 110kV AC 线 112 - 北隔离开关。

（6）A 站合上 110kV AC 线 112 - 1 隔离开关。

（7）A 站合上 110kV AC 线 112 断路器。

（8）C 站投入 110kV CB 线 132 断路器线路保护。

（9）C 站合上 110kV AC 线 131 断路器。

（10）B 站拉开 110kV 分段 120 断路器。

（11）B 站退出 110kV CB 线 121 断路器保护。

（12）B 站投入 110kV 分段备用电源自动投入装置。

四、线路停、送电操作过程中的危险点及其预控措施

线路停、送电操作过程中的危险点主要有空载线路送电时末端电压异常升高和发生带负荷拉合隔离开关事故。

1. 空载线路送电时线路末端电压异常升高的防范措施

（1）适当降低送电端电压。

（2）充电端必须有变压器中性点接地。

（3）超高压线路送电要先投入并联电抗器再合线路断路器。

2. 带负荷拉合隔离开关事故的防范措施

（1）停电时按断路器→线路侧隔离开关→母线侧隔离开关的顺序操作，送电时操作顺序相反。

（2）严格按调度指令票的顺序执行，不得漏项、跳项，并加强操作监护。

【任务评价】

任务完成后需认真填写任务评价表，线路停送电操作实训任务评价表见表 3-1。

表 3-1　　　　　　　　　　线路停送电操作实训任务评价表

线路停送电操作实训

姓名		学号					
序号	评分项目	评分内容及要求	评分标准	扣分	得分	备注
1	操作前准备 （15 分）	查看一次接线图，核对电网运行方式，考虑操作后潮流变化是否会引起电压越限及过负荷等变化情况	（1）未查看一次接线图，扣 5 分。 （2）未核对电网运行方式，扣 5 分。 （3）未核对潮流、负荷变化情况，扣 5 分			
2	根据保护规程规定调整相关保护 （25 分）	操作过程中根据保护规程规定对相关的电网保护、备用电源自动投入装置做相应调整	保护、备用电源自动投入装置未做相应调整的，每处扣 1 分，扣完为止			
3	操作规范要求 （30 分）	调度术语使用正确（10 分）	调度术语不规范，每处扣 1 分，扣完为止			
		使用设备双重名称（10 分）	未使用双重名称，每处扣 1 分，扣完为止			
		操作票应认真填写，不得随意涂改（10 分）	如有涂改，每处扣 2 分，扣完为止			
4	操作原则 （30 分）	操作顺序正确，不违反相关规程规定（10 分）	违反操作原则的，本项不得分			
		符合设备的四种状态，与操作任务相符，主要步骤无遗漏（20 分）	（1）如有错、漏项，每处扣 5 分。 （2）如有严重错、漏项本项不得分			
5	总分 100 分					

开始时间：　时　　分
结束时间：　时　　分

实际时间：
　　时　　分

教师	

任务二　主变压器停送电操作实训

【任务目标】

掌握主变压器停送电操作的操作原则、操作流程、注意事项及危险点分析。

【任务描述】

该任务主要完成主变压器停送电的具体操作，包括主变压器中性点的操作方法及保护调整，主变压器停送电操作的方法，主变压器分接头调整、潮流调整及操作过程中的危险点及预控措施。

【知识准备】

一、主变压器中性点接地

中性点接地主要是防止变压器停送电操作时过电压损坏被投退变压器的一种措施。

1. 高压侧有电源的降压变压器

对于高压侧有电源的降压变压器，当其断路器非全相拉、合时，若其中性点不接地有以下危险：

（1）变压器电源侧中性点对地电压最大可达相电压，这可能损坏变压器绝缘。

（2）变压器的高、低压线圈之间有电容，这种电容会造成高压对低压的"传递过电压"。

（3）当变压器高、低压线圈之间电容耦合，低压侧会有电压，达到谐振条件时，可能会出现谐振过电压，损坏绝缘。

2. 低压侧有电源的升压变压器

对于低压侧有电源的升压变压器，若其中性点不接地有以下危险：

（1）由于低压侧有电源，在并入系统前，变压器高压侧发生单相接地，若中性点未接地，则其中性点对地电压将是相电压，这可能损坏变压器绝缘。

（2）非全相并入系统时，在一相与系统相连时，由于发电机和系统的频率不同，变压器中性点又未接地，该变压器中性点对地电压最高可达 2 倍相电压，未核相的电压最高可达 2.73 倍相电压，将造成绝缘损坏。

二、变压器停送电操作的注意事项

（1）变压器在充电或停运前，必须将中性点接地开关合上。

（2）变压器送电时，应先合电源侧断路器，后合负荷侧断路器，停运时操作顺序相反。对于有多侧电源的主变压器，应同时考虑差动保护灵敏度和后备保护情况。环网系统的变压器操作，应正确选取充电端，以减少并列处的电压差。

（3）主变压器并列运行条件：接线组别相同，变比相等，短路电压相等。变比不同和短路电压不等的主变压器经计算和试验，在任一台都不发生过负荷的情况下，可以并列运行。

（4）并列运行的变压器，在倒换中性点接地开关时，应先合上不接地变压器的中性点接地开关，再拉开接地变压器的中性点接地开关，且两个接地点的并列时间越短越好。在 220kV 及 110kV 变电站中，主变压器后备保护中反应接地故障的保护有中性点零序电流保护及间隙保护两种。在220kV变电站，一般配置两台主变压器，一台主变压器中性点接地开关在合位，另一台主变压器中性点接地开关在分位（间隙接地）。如附录中电网主接线图中的220kV变电站中1号主变压器高中压侧中性点接地开关在合位，2号主变压器中性点接地开关在分位（间隙接地）。

零序电流保护与间隙保护在主变压器运行中是否投入，是由主变压器中性点零序电流互感器及间隙电流互感器的数量及位置决定的。这两种保护有两种工作情况，一是这两种保护从同一个电流互感器采集电流量，此种情况要求中性点接地开关在合位时，投入零序电流保护，退出间隙保护；中性点接地开关在分位时，投入间隙保护，退出零序电流保护。二是两种保护由独立的两个电流互感器采集电流信息，正常运行时，两种保护均投入，在中性点接地开关操作时，不需切换保护。

三、值班调度员倒闸操作前准备工作

电网的操作应根据设备调度管辖范围的划分规定，实行分级管理，各级调度值班调度员对其调度管辖范围内的设备行使调度操作指挥权。值班调度员在决定倒闸操作前，应做好下列准备工作：

（1）充分理解电网操作的目的，分析电网运行方式的改变是否正确、合理和安全可靠。

（2）将操作范围、工作内容、工作单位实际运行接线方式与现场核对清楚，要特别注意挂、拆接地线地点和拉、合接地开关的顺序，防止带电挂接地线或合接地开关，防止带负荷拉隔离开关及向未拉接地开关的设备送电。

（3）查看有关方式、继电保护及有关稳定极限规定等资料，全面考虑操作内容，并根据调度模拟屏和计算机画面标示的实际运行情况模拟操作步骤，以保证操作程序的正确性。

（4）复杂操作要预先通知有关单位，与现场核对运行方式，征求操作意见，并将电网运行方式的变化、事故处理原则及对策等通知有关单位。

（5）特殊情况下（如通信中断等），上级调度可委托下级调度或厂、站（所）的运行值班人员对上级调度管辖范围内的设备发布调度指令，但这种委托应按正常要求逐级下达，并做好记录。

【任务实施】

一、主变压器转检修

一台主变压器转检修应考虑运行主变压器负荷情况，防止运行主变压器过负荷。

二、变压器充电或停运操作

变压器在充电或停运前，必须将中性点接地开关合上。一般情况下，220kV变压器高低压侧均有电源，送电时应由高压侧充电，低压侧并列；停电时则先在低压侧解列。环网系统的变压器操作时，应正确选取充电端，以减少并列处的电压差。变压器并列运行时应符合并列运行的条件。

三、案例学习（该案例操作均参考附录的电网主接线图）

（一）110kV B站1号主变压器由运行状态转检修状态

（1）检查110kV AB线、CB线、AC线潮流不过负荷。

（2）B站检查2号主变压器负荷不过负荷。

（3）B站检查1、2号主变压器分接头位置一致。

（4）B 站投入 110kV CB 线 121 断路器线路保护。

（5）B 站退出 110kV 分段备用电源自动投入装置。

（6）B 站合上 110kV 分段 120 断路器。

（7）B 站退出 10kV 分段备用电源自动投入装置。

（8）B 站合上 10kV 分段 800 断路器。

（9）B 站拉开 1 号主变压器 10kV 侧 801 断路器。

（10）B 站退出 35kV 分段备用电源自动投入装置。

（11）B 站合上 35kV 分段 300 断路器。

（12）B 站拉开 1 号主变压器 35kV 侧 301 断路器。

（13）B 站拉开 110kV 分段 120 断路器。

（14）B 站投入 110kV 分段备用电源自动投入装置。

（15）B 站退出 110kV CB 线 121 断路器线路保护。

（16）B 站合上 1 号主变压器中性点 1010 接地开关。

（17）B 站拉开 1 号主变压器 110kV 侧 101 断路器。

（18）B 站将 1 号主变压器 10kV 侧 801 小车断路器由运行位置拉至试验位置。

（19）B 站拉开 1 号主变压器 35kV 侧 301 - 1 隔离开关。

（20）B 站拉开 1 号主变压器 35kV 侧 301 - 3 隔离开关。

（21）B 站拉开 1 号主变压器 110kV 侧 101 - 1 隔离开关。

（22）B 站拉开 1 号主变压器 110kV 侧 101 - 3 隔离开关。

（23）B 站 1 号主变压器由冷备用状态转检修状态。

（二）110kV B 站 1 号主变压器由检修状态转运行状态

（1）B 站 1 号主变压器由检修状态转冷备用状态。

（2）B 站合上 1 号主变压器 110kV 侧 101 - 3 隔离开关。

（3）B 站合上 1 号主变压器 110kV 侧 101 - 1 隔离开关。

（4）B 站合上 1 号主变压器 35kV 侧 301 - 3 隔离开关。

（5）B 站合上 1 号主变压器 35kV 侧 301 - 1 隔离开关。

（6）B 站将 1 号主变压器 10kV 侧 801 小车断路器由试验位置推至运行位置。

（7）B 站检查 1 号主变压器中性点 1010 接地开关在合闸位置。

（8）B 站合上 1 号主变压器 110kV 侧 101 断路器。

（9）B 站拉开 1 号主变压器中性点 1010 接地开关。

（10）检查 110kV AB 线、CB 线、AC 线潮流合环后不过负荷。

（11）B 站投入 110kV CB 线 121 断路器线路保护。

（12）B 站退出 110kV 分段备用电源自动投入装置。

（13）B 站合上 110kV 分段 120 断路器。

（14）B 站检查 1、2 号主变压器分接头位置一致。

（15）B 站合上 1 号主变压器 35kV 侧 301 断路器。

（16）B 站拉开 35kV 分段 300 断路器。

（17）B 站投入 35kV 分段备用电源自动投入装置。

（18）B 站合上 1 号主变压器 10kV 侧 801 断路器。

（19）B 站拉开 10kV 分段 800 断路器。

（20）B 站投入 10kV 分段备用电源自动投入装置。

（21）B 站拉开 110kV 分段 120 断路器。

（22）B 站投入 110kV 分段备用电源自动投入装置。

（23）B 站退出 110kV CB 线 121 断路器线路保护。

（三）110kV C 站 2 号主变压器由运行状态转检修状态

（1）检查 110kV AB、CB、AC 线潮流不过负荷。

（2）C 站检查 1 号主变压器负荷不过负荷。

（3）C 站检查 1、2 号主变压器分接头位置一致。

（4）C 站退出 10kV 分段备用电源自动投入装置。

（5）C 站合上 10kV 分段 500 断路器。

（6）C 站拉开 2 号主变压器 502 断路器。

（7）B 站投入 110kV CB 线 121 断路器线路保护。

（8）B 站退出 110kV 分段备用电源自动投入装置。

（9）B 站合上 110kV 分段 120 断路器。

（10）C 站拉开 110kV CB 线 132 断路器。

（11）C 站合上 2 号主变压器中性点 1020 接地开关。

（12）C 站拉开 110kV 分段 130 断路器。

（13）C 站拉开 2 号主变压器 110kV 侧 132 - 2 隔离开关。

（14）C 站合上 110kV 分段 130 断路器。

（15）C 站合上 110kV CB 线 132 断路器。

（16）B 站拉开 110kV 分段 120 断路器。

（17）B 站投入 110kV 分段备用电源自动投入装置。

（18）B 站退出 110kV CB 线 121 断路器线路保护。

（19）C 站将 2 号主变压器 10kV 侧 502 小车断路器由运行位置拉至试验位置。

（20）C 站 2 号主变压器由冷备用状态转检修状态。

（四）110kV C 站 2 号主变压器由检修状态转运行状态

（1）C 站 2 号主变压器由检修状态转冷备用状态。

（2）C 站将 2 号主变压器 10kV 侧 502 小车断路器由试验位置推至运行位置。

（3）检查 110kV AB、CB、AC 线潮流不过负荷。

（4）B 站投入 110kV CB 线 121 断路器线路保护。

（5）B 站退出 110kV 备用电源自动投入装置。

（6）B 站合上 110kV 分段 120 断路器。

（7）C 站拉开 110kV CB 线 132 断路器。

（8）C 站拉开 110kV 分段 130 断路器。

（9）C 站合上 2 号主变压器 110kV 侧 132 - 2 隔离开关。

（10）C 站检查 2 号主变压器中性点 1020 接地开关在合闸位置。

（11）C 站合上 110kV CB 线 132 断路器。

（12）C 站拉开 2 号主变压器中性点 1020 接地开关。

（13）C 站合上 110kV 分段 130 断路器。

（14）B 站拉开 110kV 分段 120 断路器。

（15）B 站投入 110kV 分段备用电源自动投入装置。

（16）B 站退出 110kV CB 线 121 断路器线路保护。

（17）C 站检查 1、2 号主变压器分接头位置一致。

（18）C 站合上 2 号主变压器 502 断路器。

（19）C 站拉开 10kV 分段 500 断路器。

（20）C 站投入 10kV 分段备用电源自动投入装置。

（五）220kV A 站 1 号主变压器由运行状态转检修状态

（1）A 站检查 2 号主变压器不过负荷。

（2）A 站检查 1、2 号主变压器分接头位置一致。

（3）A 站退出 35kV 分段备用电源自动投入装置。

（4）A 站合上 35kV 分段 400 断路器。

（5）A 站拉开 1 号主变压器 35kV 侧 401 断路器。

（6）A 站投入 2 号主变压器零序保护。

（7）A 站合上 2 号主变压器 220kV 中性点 2020 接地开关。

（8）A 站合上 2 号主变压器 110kV 中性点 1020 接地开关。

（9）A 站退出 2 号主变压器间隙保护。

（10）A 站拉开 1 号主变压器 110kV 侧 101 断路器。

（11）A 站拉开 1 号主变压器 220kV 侧 201 断路器。

（12）A 站将 1 号主变压器 35kV 侧 401 小车断路器由运行位置拉至试验位置。

（13）A 站拉开 1 号主变压器 110kV 侧 101-1 隔离开关。

（14）A 站拉开 1 号主变压器 110kV 侧 101-南隔离开关。

（15）A 站拉开 1 号主变压器 220kV 侧 201-1 隔离开关。

（16）A 站拉开 1 号主变压器 220kV 侧 201-东隔离开关。

（17）A 站 1 号主变压器由冷备用状态转检修状态。

（六）220kV A 站 1 号主变压器由检修状态转运行状态

（1）A 站 1 号主变压器由检修状态转冷备用状态。

（2）A 站合上 1 号主变压器 220kV 侧 201-东隔离开关。

（3）A 站合上 1 号主变压器 220kV 侧 201-1 隔离开关。

（4）A 站合上 1 号主变压器 110kV 侧 101-南隔离开关。

（5）A 站合上 1 号主变压器 110kV 侧 101-1 隔离开关。

（6）A 站将 1 号主变压器 35kV 侧 401 小车断路器由试验位置推至运行位置。

（7）A 站检查 1 号主变压器 110kV 中性点 1010 接地开关在合闸位置。

（8）A 站检查 1 号主变压器 220kV 中性点 2010 接地开关在合闸位置。

（9）A 站检查 1、2 号主变压器分接头位置一致。

（10）A 站合上 1 号主变压器 220kV 侧 201 断路器。

（11）A 站合上 1 号主变压器 110kV 侧 101 断路器。

（12）A 站投入 2 号主变压器间隙保护。

（13）A 站拉开 2 号主变压器 110kV 中性点 1020 接地开关。

（14）A 站拉开 2 号主变压器 220kV 中性点 2020 接地开关。

（15）A 站退出 2 号主变压器零序保护。

（16）A 站合上 1 号主变压器 35kV 侧 401 断路器。

（17）A 站拉开 35kV 分段 400 断路器。

（18）A 站投入 35kV 分段备用电源自动投入装置。

四、变压器操作过程中的危险点及其预控措施

变压器操作的危险点主要有：①切合空载变压器过程中出现操作过电压，危及变压器绝缘；②变压器空载电压升高，损坏变压器绝缘。

（1）切合空载变压器产生操作过电压的预控措施：中性点直接接地系统中投入或退出变压器时，必须在变压器停电或充电前将变压器中性点直接接地，变压器充电正常后的中性点接地方式按正常运行方式考虑。

（2）变压器空载电压升高的预控措施：调度员在进行变压器操作时应当设法避免变压器空载电压升高，如投入电抗器、调相机带感性负荷及调节有载调压变压器的分接头等以降低受端电压。此外，还可以适当地降低送端电压。

【任务评价】

任务完成后需认真填写任务评价表，主变压器停送电操作实训任务评价表见表 3 - 2。

表 3 - 2　　　　　　　　　主变压器停送电操作实训任务评价表

主变压器停送电操作实训

姓名		学号					
序号	评分项目	评分内容及要求	评分标准	扣分	得分	备注
1	主变压器停电前准备（35 分）	熟悉操作任务，查看电网接线图和主变压器负荷情况，防止运行主变压器过负荷	（1）操作前检查运行变压器负荷情况，未检查扣 2 分。（2）核对电网接线，未核对扣 2 分。（3）变压器操作前调整变压器分接头一致，未调整扣 2 分。（4）以上扣分，扣完为止			
2	操作原则（30 分）	操作顺序正确，不违反相关规程规定（5 分）	操作顺序不正确，本项不得分			
		符合设备的四种标准状态，与操作任务相符，主要步骤无遗漏（5 分）	多余或错、漏项，酌情扣分，扣完为止			
		相关保护部分的正确投退（10 分）	未按规程要求投退保护的，每处扣 2 分，扣完为止			
		主变压器中性点按规程规定正确操作（10 分）	不符合规程的扣 2 分，扣完为止			

续表

序号	评分项目	评分内容及要求	评分标准	扣分	得分	备注
3	操作票填写规范（35分）	使用设备双重名称（10分）	未使用每处扣1分，扣完为止			
		操作术语使用正确（10分）	术语错误每处扣1分，扣完为止			
		操作票应认真填写，不得随意涂改（15分）	如有涂改扣2分，扣完为止			
4	总分100分					

开始时间： 时 分
结束时间： 时 分　　　　　　　　　　　　　　　　　实际时间：
　　　　　　　　　　　　　　　　　　　　　　　　　　时　分

教师

任务三　母线停送电操作实训

【任务目标】

掌握变电站各种母线接线方式及优缺点；掌握母线停送电操作的操作原则、操作流程、注意事项及危险点分析。

【任务描述】

该任务主要完成母线停送电和倒母线的具体操作，包括母线停送电操作的方法及相关保护的调整，以及在操作过程中常见的问题、危险点及预控措施。

【知识准备】

一、电气主接线

在发电厂及变电站中，发电机、变压器、断路器、隔离开关、互感器等高压电气设备，以及将它们连接在一起的高压电缆和母线，按照其功能要求组成的主回路称为电气一次系统，又称作电气主接线或电气一次接线。

电气主接线的主体是电源（进线）回路和线路（出线）回路。母线可以分为有汇流母线和无汇流母线两大类。有汇流母线的一次接线形式主要是单母线、双母线及 3/2 断路器接线。单母线分为简单单母线接线、单母线分段接线及单母线分段带旁路母线接线三种形式；双母线分为简单双母线接线、双母线分段接线和双母线带旁路母线接线三种形式。无汇流母线的一次接线形式主要是单元接线和桥形接线，桥形接线又分为内桥接线和外桥接线。

桥形接线是由一台断路器和两组隔离开关组成连接桥，将两回变压器—线路组横向连接起来的电气主接线。在变压器—线路组的变压器和断路器之间接入连接桥的称为内桥接线。在变压器—线路组的断路器和线路之间接入连接桥的称为外桥接线。

二、单母线接线

1. 简单单母线

（1）概述。简单单母线接线方式如图 3-1 所示，图中各电源和出线都接在同一条母线上。

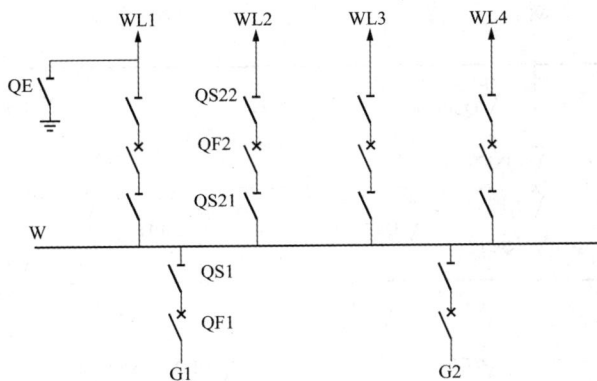

图 3-1　简单单母线接线方式

（2）优点。接线简单清晰，设备少投资低，操作方便。

（3）缺点。可靠性不高，不够灵活。具体表现为：①母线或母线隔离开关发生故障或检修时，连接在母线上的所有回路都将停电；②当连接到母线上的任何一台隔离开关需要检修时，就要全部停电。

2. 单母线分段接线

（1）概述。单母线分段接线方式如图 3-2 所示。与简单单母线接线相比，单母线分段增加了一台母线分段断路器，将单母线分为两段。

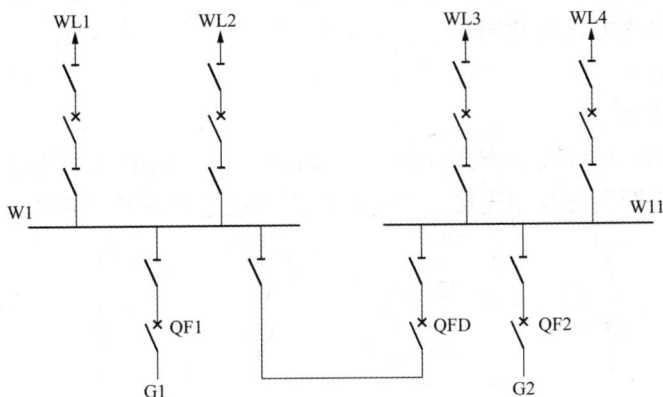

图 3-2　单母线分段接线方式

（2）优点。单母线分段提高了供电可靠性和调度灵活性。母线故障或检修时，缩小了一半的停电范围。

（3）缺点。任一段母线或母线隔离开关发生故障或检修时，连接在该段母线上的所有回路都将停电。

3. 单母线分段带旁路母线接线

（1）概述。单母线分段带旁路母线接线方式如图 3-3 所示。这种接线方式兼顾了旁路母线和分段母线两方面的优点。正常工作时，旁路断路器断开，此时系统按单母线分段方式运行。当某一出线断路器需要检修时，通过旁路断路器为线路供电。

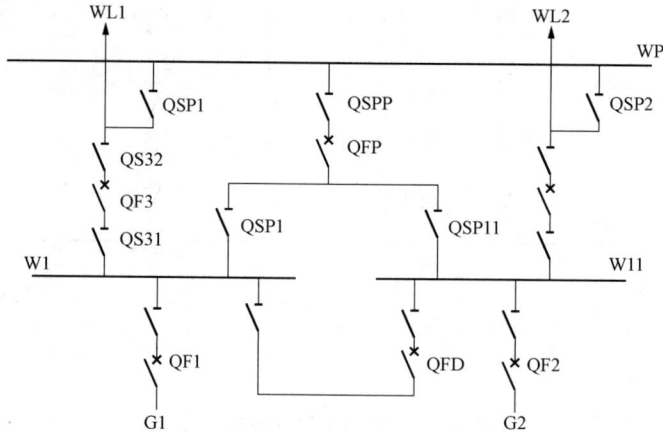

图 3-3　单母线分段带旁路母线接线方式

（2）优点。最大的优点是线路断路器检修时，该线路可以不停电，通过旁路断路器供电，提高了供电可靠性。

（3）缺点。

1）增加了许多设备，造价高，运行操作复杂。任一段工作母线或母线隔离开关发生故障或检修时，连接在该段母线上的所有回路都将停电。

2）单母线接线，工作母线或母线隔离开关在故障或检修时，连接在母线上的回路都将停电。这是单母线接线方式的共同缺陷。为了解决这个问题，可采用双母线的主接线形式。

三、双母线接线

1. 简单双母线接线

（1）概述。简单双母线接线方式如图 3-4 所示。每一条出线都经过一台断路器和两组母线隔离开关分别与两组母线相连接。两组母线之间通过母联断路器相连。

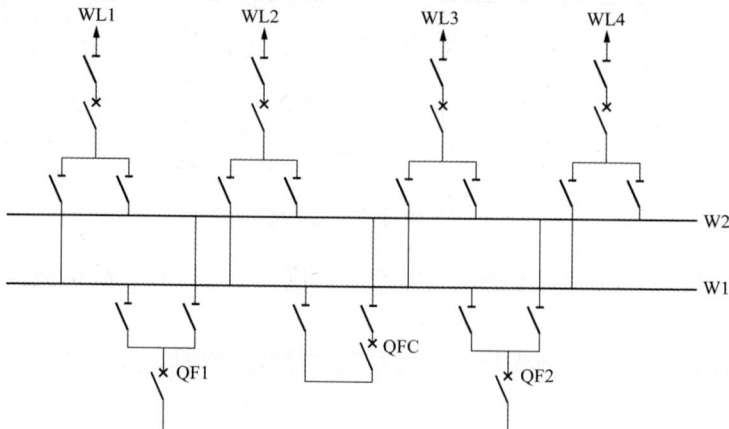

图 3-4　简单双母线接线方式

　　双母线接线的两组母线各带一部分电源和负荷，任一组母线故障时，接于另一组母线的回路不受影响，接于故障母线的回路也可以转移到完好的母线上恢复供电。

　　母线隔离开关检修时，断开与此隔离开关相连的母线，其余回路均可不停电地转移到另一组母线上继续运行。

　　母线检修时，可通过倒闸操作，将各回路转移到另一组母线上运行，不影响线路正常供电。

　　（2）优点。

　　1）可以轮流检修母线而不影响正常供电。

　　2）检修任一回路母线隔离开关时，只影响该回路供电。

　　3）工作母线故障后，所有回路短时停电后能迅速恢复供电。

　　4）调度灵活、便于扩建。

　　（3）缺点。

　　1）倒闸操作过程比较复杂，可能造成误操作。

　　2）工作母线故障时，仍将造成短时停电。

　　3）隔离开关数量多，投资增大。

　　2. 双母线分段接线

　　（1）概述。双母线分段接线方式如图 3-5 所示。

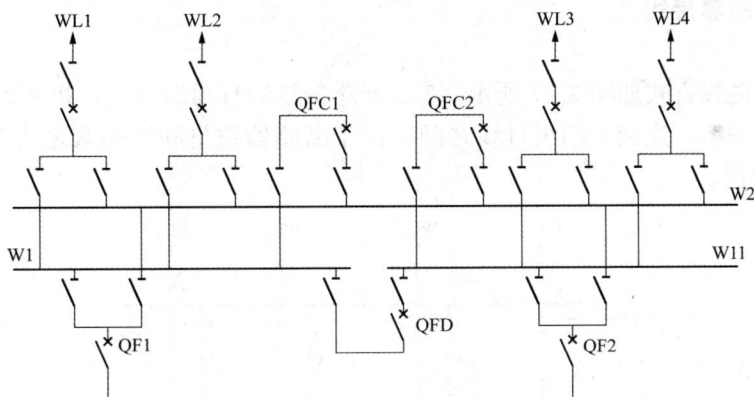

图 3-5　双母线分段接线方式

　　（2）优点。

　　1）供电可靠，检修方便。

　　2）当一组母线故障时，只要将故障母线上的回路倒换到另一组母线，就可迅速恢复供电。

　　3）调度灵活、便于扩建。

　　（3）缺点。

　　1）设备较多（特别是隔离开关），投资大。

　　2）配电装置复杂，经济性差。

　　3. 双母线带旁路母线接线

　　（1）概述。双母线带旁路母线接线方式如图 3-6 所示。双母线带旁路母线接线是为了在线路或主变压器断路器检修时，实现旁路母线旁带任一线路断路器或主变压器断路器而不停电。

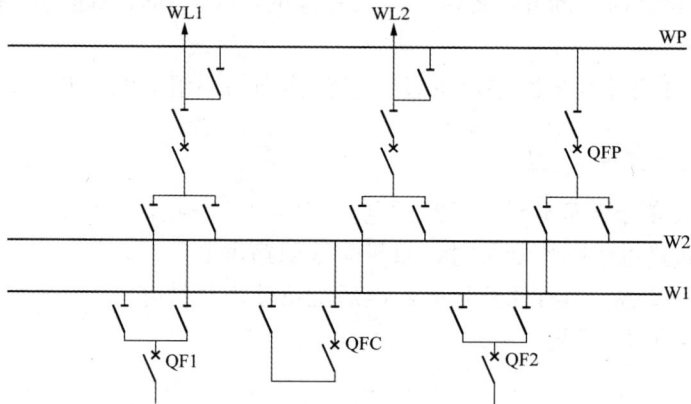

图 3-6 双母线带旁路母线接线方式

（2）优点。运行灵活方便，可靠性高。

（3）缺点。投资较大。对于双母线接线，由于工作母线故障时仍将造成短时停电，倒闸操作也比较复杂。

四、3/2 断路器接线

1. 概述

3/2 断路器接线方式如图 3-7 所示。3/2 断路器接线有两组母线，每两回进、出线占用 3 台断路器构成一串，连接于两组母线之间。由于断路器数量和回路数之比为 3/2，因而称为 3/2 断路器接线。

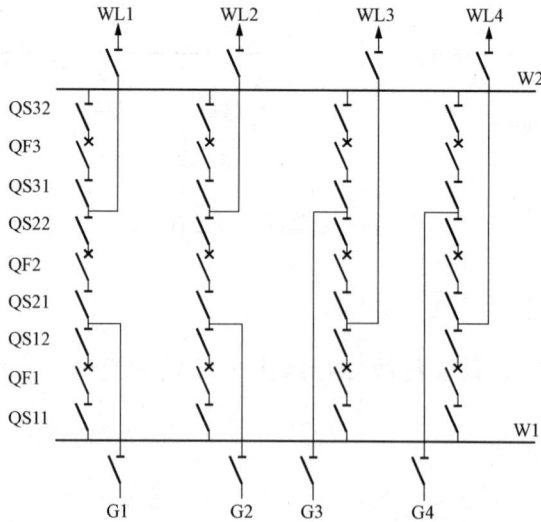

图 3-7 3/2 断路器接线方式

2. 优点

（1）可靠性高，调度灵活。正常运行时，所有断路器均闭合，任一组母线发生故障，均不会影响各回路供电。

（2）操作简单，避免使用隔离开关进行操作，不容易误操作。

（3）任一母线或线路断路器检修时，只需要断开相应的断路器及隔离开关，不影响各回路的正常供电。

3. 缺点

（1）断路器较多，投资大。

（2）二次接线和继电保护比较复杂。

五、桥形接线

1. 内桥接线

（1）概述。内桥接线方式如图 3-8（a）所示。

（2）优点。

1）内桥接线的任一线路投入、断开、检修时都不会影响其他回路的正常运行。

2）使用的断路器和隔离开关台数少，配电装置占地少，投资省，能够满足变电站可靠性的要求，运行具有一定的灵活性。

（3）缺点。

1）扩建不方便。

2）当变压器投、退时，操作复杂。

3）故障时供电可靠性降低。

2. 外桥接线

外桥接线方式如图 3-8（b）所示。

（1）优点。

1）设备数量少，占地少，投资省。

2）变压器切换操作灵活方便。

（2）缺点。

1）电源进线操作灵活性差，线路切换操作复杂。

2）只有在两回电源进线、两台变压器的变电站中，才采用桥形接线。

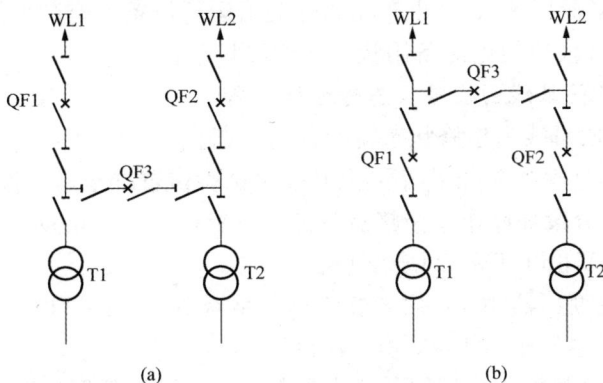

图 3-8　桥形接线方式

（a）内桥接线方式；（b）外桥接线方式

【任务实施】

一、母线保护的投退

（1）用断路器向不带电的母线充电时，应使用充电保护，用其他保护代替时，保护方向应指向被充电的母线或短接保护的方向元件，必要时，应调整保护定值。

（2）由一条母线倒换部分或全部元件至另一条母线时，应先合上母联断路器，拉开母联断路器操作电源，方可进行隔离开关操作，必要时改变母线保护运行方式，操作完毕后合上母联断路器操作电源。

（3）倒母线操作时，应注意采取措施，防止电压互感器二次反充电，避免运行中电压互感器熔断器熔断而使保护失电压误动。

二、案例学习（该案例操作均参考附录主接线图）

（一）B 站 10kV II 段母线由运行状态转检修状态

（1）B 站将 10kV 2 号站用变压器负荷倒由 10kV 1 号站用变压器负荷供电。

（2）B 站退出 10kV 分段备用电源自动投入装置。

（3）B 站检查 10kV 2 号电容器 814 断路器在分闸位置。

（4）B 站将 10kV 2 号电容器 814 小车断路器由运行位置拉至试验位置。

（5）B 站拉开 10kV 负荷 2 线 812 断路器。

（6）B 站将 10kV 负荷 2 线 812 小车断路器由运行位置拉至试验位置。

（7）B 站拉开 10kV 负荷 8 线 818 断路器。

（8）B 站将 10kV 负荷 8 线 818 小车断路器由运行位置拉至试验位置。

（9）B 站拉开 10kV 2 号站用变压器 816 断路器。

（10）B 站将 10kV 2 号站用变压器 816 小车断路器由运行位置拉至试验位置。

（11）B 站拉开 2 号主变压器 10kV 侧 802 断路器。

（12）B 站将 2 号主变压器 10kV 侧 802 小车断路器由运行位置拉至试验位置。

（13）B 站拉开 10kV II 母 TV-2 隔离开关。

（14）B 站将 10kV 分段 800 小车断路器由运行位置拉至试验位置。

（15）B 站将 10kV 分段 800-2 小车隔离开关由运行位置拉至试验位置。

（16）B 站 10kV II 段母线由冷备用状态转检修状态。

（二）B 站 10kV II 段母线由检修状态转运行状态

（1）B 站 10kV II 段母线由检修状态转冷备用状态。

（2）B 站将 10kV 分段 800-2 小车隔离开关由试验位置推至运行位置。

（3）B 站将 10kV 分段 800 小车断路器由试验位置推至运行位置。

（4）B 站合上 10kV II 母 TV-2 隔离开关。

（5）B 站将 2 号主变压器 10kV 侧 802 小车断路器由试验位置推至运行位置

（6）B 站合上 2 号主变压器 10kV 侧 802 断路器

（7）B 站将 10kV 2 号站用变压器 816 小车断路器由试验位置推至运行位置。

（8）B 站合上 10kV 2 号站用变压器 816 断路器。

（9）B 站将 10kV 负荷 8 线 818 小车断路器由试验位置推至运行位置。

（10）B 站合上 10kV 负荷 8 线 818 断路器。

（11）B站将10kV负荷2线812小车断路器由试验位置推至运行位置。

（12）B站合上10kV负荷2线812断路器。

（13）B站将10kV 2号电容器814小车断路器由试验位置推至运行位置。

（14）B站投入10kV分段备用电源自动投入装置。

（15）B站恢复10kV 2号站用变压器所带负荷。

（三）B站110kVⅠ母由运行状态转检修状态

（1）检查110kV AB线路负荷不过负荷。

（2）B站检查2号主变压器不过负荷。

（3）B站退出110kV分段备用电源自动投入装置。

（4）B站投入110kV CB线121断路器线路保护。

（5）B站合上110kV分段120断路器。

（6）B站拉开110kV CB线121断路器。

（7）B站检查1、2号主变压器分接头位置一致。

（8）B站退出10kV分段备用电源自动投入装置。

（9）B站合上10kV分段800断路器。

（10）B站拉开1号主变压器10kV侧801断路器。

（11）B站退出35kV分段备用电源自动投入装置。

（12）B站合上35kV分段300断路器。

（13）B站拉开1号主变压器35kV侧301断路器。

（14）B站合上1号主变压器110kV中性点1010接地开关。

（15）B站拉开1号主变压器110kV侧101断路器。

（16）B站拉开110kV分段120断路器。

（17）B站拉开110kV分段120-1隔离开关。

（18）B站拉开110kV分段120-2隔离开关。

（19）B站拉开1号主变压器110kV侧101-1隔离开关。

（20）B站拉开1号主变压器110kV侧101-3隔离开关。

（21）B站拉开110kV CB线121-1隔离开关。

（22）B站拉开110kV CB线121-3隔离开关。

（23）B站拉开110kVⅠ母TV-1隔离开关。

（24）B站110kVⅠ母由冷备用状态转检修状态。

（四）B站110kVⅠ母由检修状态转运行状态

（1）B站110kVⅠ母由检修状态转冷备用状态。

（2）B站合上110kVⅠ母TV-1隔离开关。

（3）B站合上110kV CB线121-3隔离开关。

（4）B站合上110kV CB线121-1隔离开关。

（5）B站合上1号主变压器110kV侧101-3隔离开关。

（6）B站合上1号主变压器110kV侧101-1隔离开关。

（7）B站合上110kV分段120-2隔离开关。

（8）B站合上110kV分段120-1隔离开关。

（9）B 站合上 110kV CB 线 121 断路器。

（10）B 站检查 1 号主变压器 110kV 中性点 1010 接地开关在合闸位置。

（11）B 站合上 1 号主变压器 110kV 侧 101 断路器。

（12）B 站拉开 1 号主变压器 110kV 中性点 1010 接地开关。

（13）B 站检查 110kV CB 线 121 断路器线路保护投入。

（14）B 站合上 110kV 分段 120 断路器。

（15）B 站检查 1、2 号主变压器分接头位置一致。

（16）B 站合上 1 号主变压器 35kV 侧 301 断路器。

（17）B 站拉开 35kV 分段 300 断路器。

（18）B 站投入 35kV 分段备用电源自动投入装置。

（19）B 站合上 1 号主变压器 10kV 侧 801 断路器。

（20）B 站拉开 10kV 分段 800 断路器。

（21）B 站投入 10kV 分段备用电源自动投入装置。

（22）B 站拉开 110kV 分段 120 断路器。

（23）B 站投入 110kV 分段备用电源自动投入装置。

（24）B 站退出 110kV CB 线 121 断路器线路保护。

（五）A 站 110kV 北母线由运行状态转检修状态

（1）A 站拉开 110kV 100 母联断路器操作电源。

（2）A 站合上 110kV AC 线 112 - 南隔离开关。

（3）A 站拉开 110kV AC 线 112 - 北隔离开关。

（4）A 站合上 110kV AE 线 114 - 南隔离开关。

（5）A 站拉开 110kV AE 线 114 - 北隔离开关。

（6）A 站合上 2 号主变压器 110kV 侧 102 - 南隔离开关。

（7）A 站拉开 2 号主变压器 110kV 侧 102 - 北隔离开关。

（8）A 站合上 110kV 100 母联断路器操作电源。

（9）A 站拉开 110kV 100 母联断路器。

（10）A 站拉开 110kV 北母 TV - 北隔离开关。

（11）A 站拉开 110kV 母联断路器 100 - 北隔离开关。

（12）A 站拉开 110kV 母联断路器 100 - 南隔离开关。

（13）A 站 110kV 北母线由冷备用状态转检修状态。

（六）110kV 北母线由检修状态转运行状态

（1）A 站 110kV 北母线由检修状态转冷备用状态。

（2）A 站合上 110kV 母联断路器 100 - 南隔离开关。

（3）A 站合上 110kV 母联断路器 100 - 北隔离开关。

（4）A 站合上 110kV 北母 TV - 北隔离开关。

（5）A 站投入 110kV 100 母联断路器充电保护。

（6）A 站合上 110kV 100 母联断路器。

（7）A 站退出 110kV 100 母联断路器充电保护。

（8）A 站拉开 110kV 100 母联断路器操作电源。

（9）A 站合上 2 号主变压器 110kV 侧 102 - 北隔离开关。

（10）A 站拉开 2 号主变压器 110kV 侧 102 - 南隔离开关。

（11）A 站合上 110kV AE 线 114 - 北隔离开关。

（12）A 站拉开 110kV AE 线 114 - 南隔离开关。

（13）A 站合上 110kV AC 线 112 - 北隔离开关。

（14）A 站拉开 110kV AC 线 112 - 南隔离开关。

（15）A 站合上 110kV 100 母联断路器操作电源。

三、母线操作过程中的危险点及其预控措施

母线操作过程中的危险点主要有：①对故障母线充电引起事故扩大；②向空载母线充电发生串联谐振。

1. 对故障母线充电的防范措施

（1）母线充电有母联断路器时应使用母联断路器向母线充电，母联断路器的充电保护应在投入状态，必要时要将保护整定时间调整到 0s，这样可以快速切除故障母线，防止事故扩大。

（2）母线故障后的倒母线应采用"冷倒"方式。

2. 向空载母线充电发生串联谐振的防范措施

停、送仅带有电感式 TV 的空母线时，母线停电前先将 TV 隔离开关拉开，母线送电后再将 TV 隔离开关合上。

【任务评价】

任务完成后需认真填写任务评价表，母线停送电操作实训任务评价表见表 3 - 3。

表 3 - 3　　　　　　　　　　　母线停送电操作实训任务评价表

母线停送电操作实训

姓名		学号					
序号	评分项目	评分内容及要求	评分标准	扣分	得分	备注
1	预备工作（10分）	（1）查看电网接线图。（2）查看系统潮流、主变压器负荷等	（1）未核对电网接线图扣1分。（2）未核对线路、变压器是否过负荷扣2分。（3）其他不符合条件，酌情扣分。（4）以上扣分，扣完为止			
2	母线保护（15分）	母线保护的正确投退及调整	未按规程要求投退保护的，酌情扣分，扣完为止			
3	术语规范（40分）	操作票应认真填写，不得随意涂改（20分）	如有涂改每处扣2分，扣完为止			
		操作术语使用正确（10分）	术语错误每处扣1分，扣完为止			
		使用设备双重名称（10分）	未使用每处扣1分，扣完为止			

续表

序号	评分项目	评分内容及要求	评分标准	扣分	得分	备注
4	操作原则（35分）	符合设备的四种标准状态，与操作任务相符，主要步骤无遗漏（25分）	多余或错、漏项，每处扣2分，扣完为止			
		操作顺序正确，不违反相关规程规定（10分）	操作顺序颠倒无法正常完成的，本项不得分			
5	总分100分					

开始时间：　时　分 结束时间：　时　分		实际时间： 　　　　时　分	
教师			

任务四　电力系统并、解列与合、解环操作实训

【任务目标】

掌握电力系统并、解列与合、解环操作的操作原则、操作流程、注意事项及危险点分析。

【任务描述】

该任务主要了解电力系统并、解列应具备的条件，并、解列方法及并、解列操作的注意事项，以及电力系统合、解环操作的条件及合、解环操作后潮流对系统的影响与注意事项。通过概念解释、操作注意事项讲解，掌握电网并、解列与合、解环操作的基本要领。

【知识准备】

一、并列操作

（一）概念

并列操作是指发电机（调相机）与电网或电网与电网之间在相序相同，且电压、频率允许的条件下并联运行的操作。

（二）并列操作的办法

1. 准同期法

当满足并列条件，合上电源间的并列断路器的并列方法称为准同期并列。准同期并列时，手动操作合闸称为手动准同期并列，自动操作称为自动准同期并列。准同期并列的优点是正常情况下并列时冲击电流很小，对电网设备冲击小，对电网扰动小；缺点是由于准同期并列条件较复杂，并列操作时间长，同时对并列合闸时间要求较高，如果并列合闸时间不准确，可能造成非同期并列的严重后果，对设备和电网造成更大的冲击。准同期法不仅适用于发电机与电网

的并列，也适用于两个电网之间的并列，是电力系统中最常见和主要的并列方式。

2. 自同期法

发电机自同期并入系统的方法：在相序正确的条件下，启动未励磁的发电机，当转速接近同步转速时合上发电机断路器，将发电机投入系统，然后再加励磁，在原动机转矩、异步转矩、同步转矩等作用下拖入同步。自同期具有操作简单、并网迅速、便于自动化等优点，但是由于自同期在合闸时的冲击电流和冲击转矩较大，同时并列瞬间要从电网吸收大量无功功率，造成电网电压短时下降。因此自同期仅在系统中的小容量发电机上采用，大中型发电机及电网间并列时一般采用准同期法并列。

二、解列操作

1. 概念

解列操作是指通过人工操作或保护及自动装置动作使电网中断路器断开，使发电机（调相机）脱离电网或将电网分成两个及以上部分运行的过程。

2. 解列操作的条件及方法

解列操作时应将解列点的有功和无功潮流调至零，或调至最小，然后断开解列点断路器，完成解列操作。

三、合、解环操作

1. 合环操作

合环操作是指将线路、变压器或断路器串构成的网络闭合运行的操作。同期合环是指通过自动化设备或仪表检测同期后自动或手动进行的合环操作。

2. 解环操作

解环操作是指将线路、变压器或断路器串构成的闭合网络开断运行的操作。

3. 电网合环运行的优点

各个电网之间可以互相支援、互相调剂、互为备用，这样既可以提高电网或供电的可靠性，又可以保证重要用户的用电；同时，如果在同样的导线条件下输送相同的功率，环路运行还可以减少电能损耗，提高电压质量。

【任务实施】

一、电力系统并、解列操作注意事项

（1）地区电网与主电网并、解列时，操作前必须征得上级调度值班调度员的同意，并应注意重合闸方式的变更、继电保护定值和消弧线圈分接头的调整及低频减载装置投入方式等。

（2）解列时，将解列点有功潮流调整至零，电流调整至最小，如调整有困难，可使小电网向大电网输送少量功率，避免解列后小电网频率和电压较大幅度变化。

（3）选择解列点时要考虑到在同期时找同期方便。

二、电力系统合、解环操作原则

（1）合环点相位、相序一致。如首次合环或检修后可能引起相位变化，就必须检测证明合环点两侧相位和相序一致。

（2）如果是电磁合环，则环网内的变压器接线组别应一致；特殊情况下，经计算校验继电保护不会误动作及有关环路设备不过负荷，允许变压器接线差30°进行合环操作。

（3）合环后环网内各元件不致过负荷。

（4）合环后系统各部分电压质量在规定范围内。

（5）继电保护与安全自动装置应适应环网运行方式。

（6）解环前检查解环点的有功、无功潮流，确定解环后是否会造成其他联络线过负荷。

（7）确保解环后系统各部分电压质量在规定范围内。

（8）解环后系统各环节潮流变化不超过继电保护、系统稳定和设备容量等方面的限额。

三、案例学习（该案例操作均参考附录的电网主接线图）

以 B 站：将 1 号主变压器负荷倒至 10kV AB 线供电（短时合环倒负荷）为例说明。

（1）检查 110kV AC 线、CB 线、AB 线线路负荷不过负荷。

（2）B 站投入 110kV CB 线 121 断路器保护。

（3）B 站退出 110kV 分段备用电源自动投入装置。

（4）B 站合上 110kV 分段 120 断路器（合环）。

（5）B 站拉开 110kV CB 线 121 断路器（解环）。

（6）B 站投入 110kV 线路备用电源自动投入装置。

（7）B 站退出 110kV CB 线 121 断路器保护。

四、并、解列操作中的危险点及其预控措施

并、解列操作的危险点主要有：①误解列致使小电网的频率、电压发生较大幅度变化甚至瓦解；②非同期并列，对系统造成严重冲击。

（一）误解列的防范措施

（1）解列操作前通知相关单位。

（2）解列时，将解列点有功潮流调整至零，电流调整至最小再进行解列操作。

（二）非同期并列的防范措施

（1）在初次合环或进行可能引起相位变化的检修后，必须进行相位测定正确后才能进行合环操作。

（2）防止人员误操作。

（3）检查同期点的同期装置完好。

（4）准同期时，严格遵守准同期并列的条件。

📖【任务评价】◎

任务完成后需认真填写任务评价表，电力系统并、解列与合、解操作实训任务评价表见表 3 - 4。

表 3 - 4 　　　　　　　　　 电力系统并、解列与合、解操作实训任务评价表

电力系统并、解列与合、解操作实训							
姓名		学号					
序号	评分项目	评分内容及要求	评分标准		扣分	得分	备注
1	预备工作（10 分）	操作人员熟知电网并解列、合解环要求	了解操作任务，核对一次设备接线图和并解列、合解环点符合要求，根据情况酌情扣分				

序号	评分项目	评分内容及要求	评分标准	扣分	得分	备注
2	电力系统并、解列与合、解环前准备（25分）	检查电网并解列、合解环点的频率、电压、潮流、相序相位，继电保护、检同期装置等是否符合要求	未检查情况，酌情扣分			
3	操作原则（30分）	操作顺序正确，不违反相关规程规定（10分）	操作顺序颠倒无法正常完成的，本项不得分			
		符合设备的四种标准状态，与操作任务相符，主要步骤无遗漏（10分）	多余或错、漏项，每处扣5分，扣完为止			
		相关保护部分的正确投退（10分）	未按规程要求投退保护的，每处扣2分，扣完为止			
4	填写规范（35分）	使用设备双重名称（10分）	未使用每处扣1分，扣完为止			
		操作术语使用正确（10分）	术语错误每处扣1分，扣完为止			
		操作票应认真填写，不得随意涂改（15分）	如有涂改每处扣2分，扣完为止			
5	总分100分					

开始时间：　时　分

结束时间：　时　分

实际时间：　时　分

教师

【任务扩展】

（1）110kV CB线路转检修状态的操作顺序及注意事项有哪些？

（2）C站1号主变压器转检修操作票如何填写？

（3）B站110kV Ⅱ段母线转检修如何操作？

（4）发生非同期事故的主要原因有哪些？

情境四　电网异常及事故处理

情境描述

该情境包含四项任务，分别是线路异常及事故处理、变压器异常及事故处理、母线事故处理和小电流接地系统电压异常时电压现象及分析判断处理。核心知识点是电网中线路、变压器、母线故障跳闸后送电原则，电压异常的原因、危害、分析、判断方法及电压异常处理的方法。关键技能项包括掌握正确处理线路、变压器、母线等设备故障处理方法，跳闸后送电的具体操作，以及正确分析判断电压异常的现象及处理。

情境目标

通过该情境学习应该达到的知识目标是掌握电网中线路、变压器、母线等设备故障的原因，跳闸后的现象，对电网的影响及跳闸后送电原则；了解小电流接地系统接地时的电压现象，电压互感器一、二次侧断线时的电压现象。应该达到的能力目标是掌握正确处理线路、变压器、母线等设备故障的方法，以及跳闸后送电的具体操作；能够区分并正确处理不同情况下的电压异常事件，掌握电压异常的原因、危害、分析、判断方法及电压异常处理的方法。应该达到的素质目标是牢固树立电网事故处理中的安全风险防范意识，掌握危险点及预控措施。

任务一　线路异常及事故处理

【任务目标】

能够掌握线路异常及事故的处理原则。

【任务描述】

主要完成线路过热、过负荷时的处理，单电源线路和联络线路故障跳闸的处理。

【知识准备】

一、故障处置原则

（1）迅速限制故障发展，消除故障根源，解除对人身、电网和设备安全的威胁。

（2）调整并恢复正常电网运行方式，电网解列后要尽快恢复并列运行。

（3）尽可能保持正常设备的运行和对重要用户及厂用电、站用电的正常供电。

（4）尽快恢复对已停电的用户和设备供电。

二、故障处置要求

（1）电网发生故障时，调控机构值班调度员应结合综合智能告警信息，监视本网频率、电压及重要断面潮流情况，开展故障处置。

（2）电网发生故障时，值班监控员、厂站运行值班人员及输变电设备运维人员应立即将故障发生的时间、设备名称及其状态等概况向相应调控机构值班调度员汇报，经检查后再详细汇报相关内容。值班调度员应按规定及时向上级调控机构值班调度员汇报故障情况。

（3）故障处置期间，为防止发生电网瓦解和崩溃，值班调度员可以下达下列调度指令：

1）调整调度计划，包括发输电计划、设备停电计划。

2）调用全网备用容量，进行跨区、跨省支援。

3）调整发电机组有功或无功功率，启停发电机组。

4）下令停运设备恢复送电或运行设备停运。

5）采取拉限电等措施。

6）采取其他调整系统运行方式的措施。

（4）为防止故障范围扩大，厂站运行值班人员及输变电设备运维人员可不待调度指令自行进行以下紧急操作，但事后应立即向相关调控机构值班调度员汇报：

1）将对人身和设备安全有威胁的设备停电。

2）将故障停运已损坏的设备隔离。

3）厂（站）用电部分或全部停电时，恢复其电源。

4）厂站规程中规定可以不待调度指令自行处置者。

三、线路运行中常见异常

1. 线路过负荷

线路过负荷指流过线路的电流超过线路本身允许电流或者超过线路电流测量元件的最大量程。

出现线路过负荷的原因有：①受端系统发电厂减负荷或机组跳闸；②联络线并联线路切除；③由于安排不当导致系统发电功率或用电负荷分配不均衡等。

线路发生过负荷后，会因导线弧垂度加大而引起短路事故。若线路电流超过测量元件的最大量程，会导致无法监测到真实的线路电流，从而给电网运行带来风险。

2. 线路三相电流不平衡

线路三相电流不平衡指线路 A、B、C 三相中流过的电流不相同。

正常情况下电力系统 A、B、C 三相中流过的电流是相同的，当系统联络线一相断路器断开而另两相断路器运行时，相邻线路就会出现三相电流不平衡；当系统中某线路的隔离开关或线路接头处出现接触不良，导致电阻增加，也会导致线路三相电流不平衡。小接地电流系统发生单相接地故障时也会出现三相电流不平衡。

通常三相不平衡对线路运行影响不大，但是系统中严重的三相不平衡可能会造成发电机组运行异常及变压器中性点电压异常升高。

当两个电网仅由单回联络线联系时，若联络线发生非全相运行会导致两个电网连接阻抗增大，甚至造成两个电网间失步。

四、线路常见缺陷

1. 电缆线路缺陷

电缆线路常见缺陷有终端头渗漏油、污闪放电、中间接头渗漏油、表面发热、直流耐压不合格、泄漏值偏大、吸收比不合格等。这些缺陷可能会引起线路三相不平衡，若不及时处理有可能发展为短路故障。

2. 架空线路缺陷

架空线路常见缺陷有线路断股、线路上悬挂异物、接线卡发热、绝缘子串破损等。这些缺陷可能会引起三相不平衡，若不及时处理有可能发展为短路或线路断线故障。

五、线路故障分类

1. 按故障相别划分

按故障相别划分，线路故障可分为单相接地故障、相间短路故障、三相短路故障等。发生三相短路故障时，系统保持对称性，系统将不产生零序电流。发生单相故障时，系统三相不对称，将产生零序电流。当线路两相短时内相继发生单相短路故障时，由于线路重合闸动作特性，通常会判断为相间短路故障。

2. 按故障形态划分

按故障形态划分，线路故障可分为短路故障和断线故障。短路故障是线路最常见也是最危险的故障形态，发生短路故障时，根据短路点的接地电阻大小及距离故障点的远近，系统电压将会有不同程度的降低。在大接地电流系统中，短路故障发生时，故障相将会流过很大的故障电流，通常故障电流会到负荷电流的十几倍甚至几十倍。故障电流在故障点会引起电弧，危及设备和人身安全，还可能使系统中的设备因为过电流而受损。

3. 按故障性质划分

按故障性质划分，线路故障可分为瞬间故障和永久故障。线路故障大多数为瞬间故障，发生瞬间故障后，线路重合闸动作，断路器重合成功，不会造成线路停电。

六、线路故障处置原则

（1）线路故障跳闸后，值班监控员、厂站运行值班人员及输变电设备运维人员应立即收集故障相关信息并汇报值班调度员，由值班调度员综合考虑跳闸线路的有关设备信息并确定是否试送。若有明显的故障现象或特征，应查明原因后再考虑是否试送。

（2）试送前，值班调度员应与值班监控员、厂站运行值班人员及输变电设备运维人员确认具备试送条件。具备监控远方试送操作条件的，应进行监控远方试送。

（3）线路试送前应考虑：

1）正确选择试送端，使电网稳定不致遭到破坏。试送前，要检查重要线路的输送功率在规定限额内，必要时应降低有关线路的输送功率或采取提高电网稳定的措施。

2）对试送端电压进行控制，对试送后首、末端及沿线电压做好估算，避免引起过电压。

3）线路试送断路器必须完好，且具有完备的继电保护。

（4）线路故障跳闸后，一般允许试送一次。如试送不成功，再次试送线路应依据相关规定处理。对于电缆线路故障，未查明原因前不得试送。

（5）线路故障跳闸后，若断路器的故障切除次数已达规定次数，厂站运行值班人员或输变电设备运维人员应根据规定向相关调控机构提出运行建议。

（6）线路保护和高压电抗器保护同时动作跳闸时，应按线路和高压电抗器同时故障考虑，在未查明高压电抗器保护动作原因和消除故障之前不得进行试送。线路允许不带高压电抗器运行时，如需对故障线路送电，在试送前应将高压电抗器退出。

（7）有带电作业的线路故障跳闸后，试送电的规定如下：

1）值班调度员应与相关单位确认线路具备试送条件，方可按上述有关规定进行试送。

2）带电作业的线路跳闸后，现场人员应视设备仍然带电并尽快联系值班调度员，值班调度员未与工作负责人取得联系前不得试送线路。

（8）线路故障跳闸后，值班调度员下达巡线指令时，应明确是否为带电巡线。需要注意的是，线路跳闸后强送时，断路器应完好，线路主保护应在投入状态；系统间联络线送电，应考虑是否会出现非同期合闸。

【任务实施】

一、线路过负荷处理

正常运行线路出现过负荷时，首先应该查看线路所带负荷情况，然后根据实际情况按下述方法调整，或者按照规定限制负荷，并通知监控人员继续对异常线路加强监视：

（1）受端系统的发电厂迅速增加出力，并提高无功出力，提高系统电压水平。

（2）送端系统发电厂降低有功出力，必要时可直接下令解列机组。

（3）情况紧急时可下令受端系统切除部分负荷，或者转移负荷。

（4）有条件时可以改变系统接线方式，强迫潮流转移。

应注意的是，和变压器相比，线路的过负荷能力比较弱，当线路潮流超过热稳定极限时，调度人员必须果断迅速地将线路潮流控制下来，否则可能发生因线路过负荷跳闸后引起连锁反应。

二、线路三相电流不平衡处理

当线路出现三相电流不平衡时，首先判断造成不平衡的原因，应检查测量表计读数是否有误、断路器是否非全相运行、负荷是否不平衡、线路参数是否改变、是否有谐波影响等。若线路三相电流不平衡是由于某一线路断路器非全相造成，则应立即将该线路停运。若该线路潮流很大，立即停电对系统有很大影响，则可调整系统潮流，如降低发电机出力，待该线路潮流降低后再将该线路停运。对于单相接地故障引起的三相电流不平衡，应尽快查明并隔离故障点。

三、线路故障跳闸处理

当正常运行线路发生故障跳闸时，处理方法如下：

（1）查阅监控系统发出的告警事故窗信息，包括事故总信号、保护动作信息、语音告警信息、SOE信息、事故弹出的主接线图及相关断路器的变位信息、潮流变化情况等，相关信息如图4-1～图4-6所示。

（2）根据故障信息及保护动作信息，分析研判线路的故障类型及可能故障范围，明确故障后的站内运行方式。

（3）结合运维现场反馈的故障信息，尽快将故障线路隔离并处理。

（4）待线路故障处理完成后，恢复站内正常运行方式。

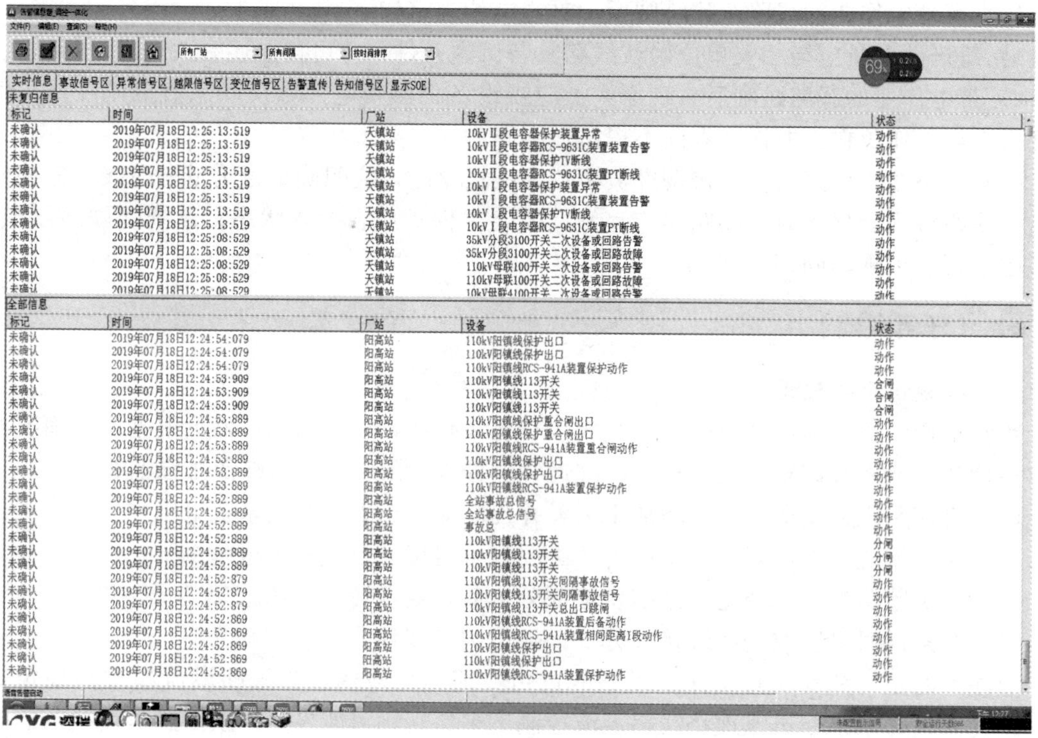

图 4-1 线路故障全部信息 1

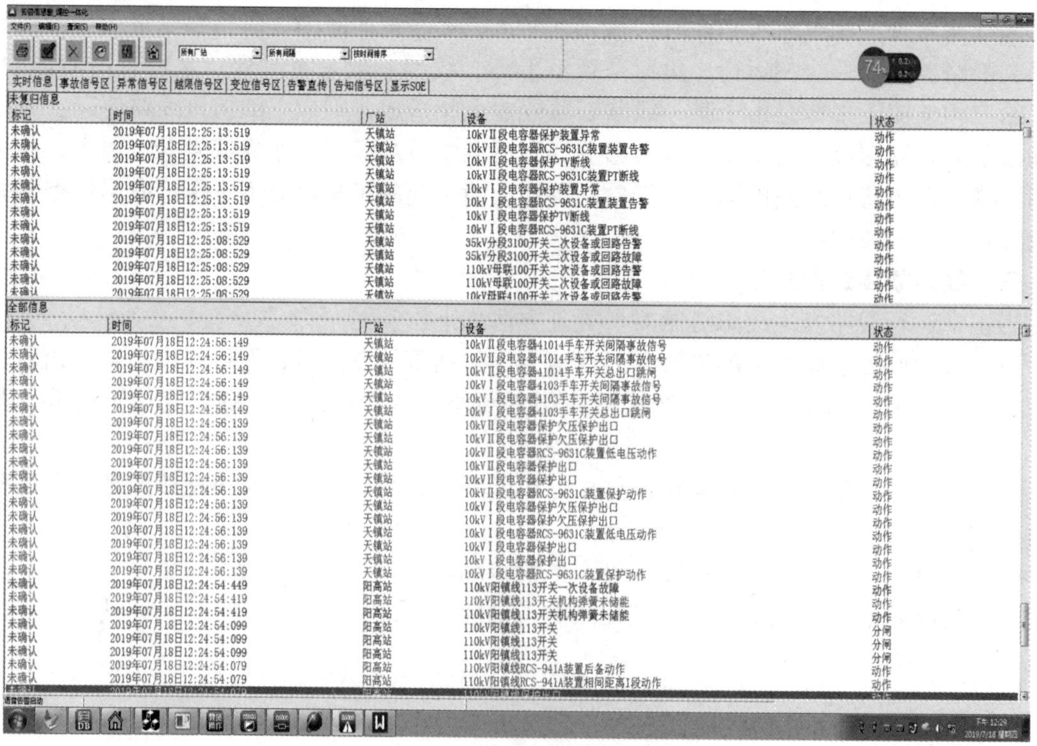

图 4-2 线路故障全部信息 2

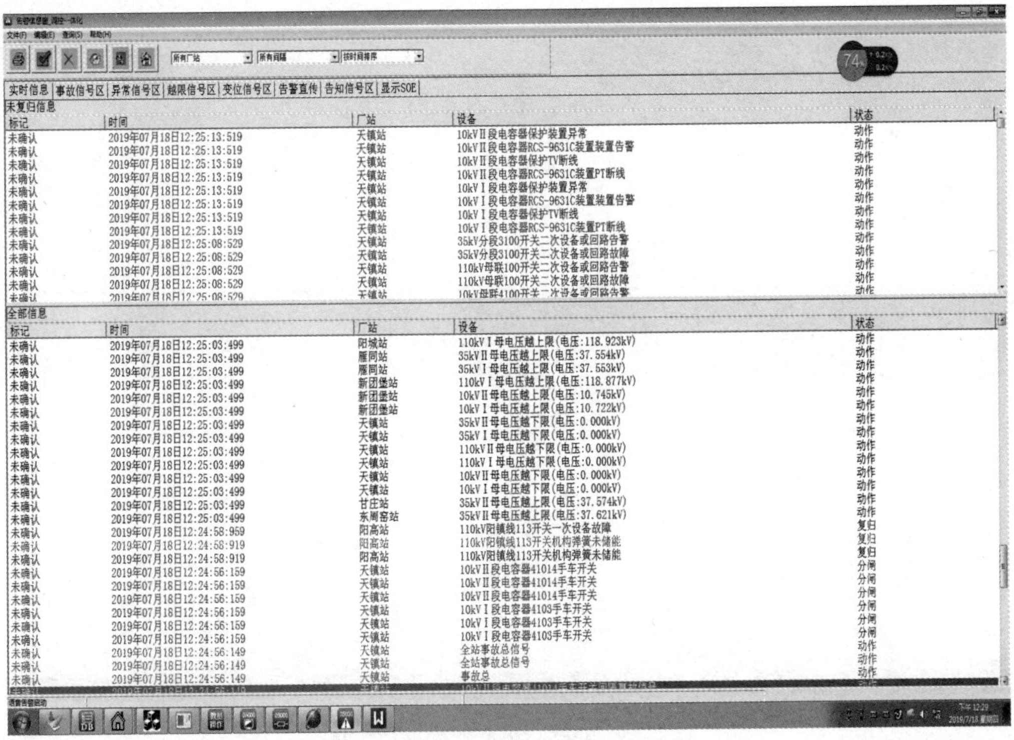

图 4-3　线路故障全部信息 3

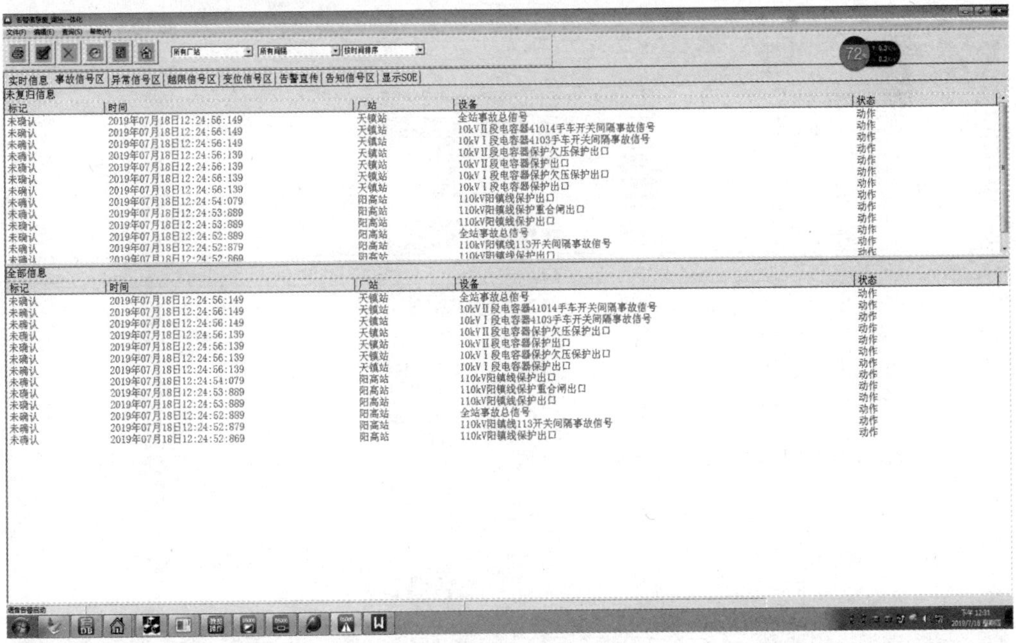

图 4-4　线路故障主要保护信息

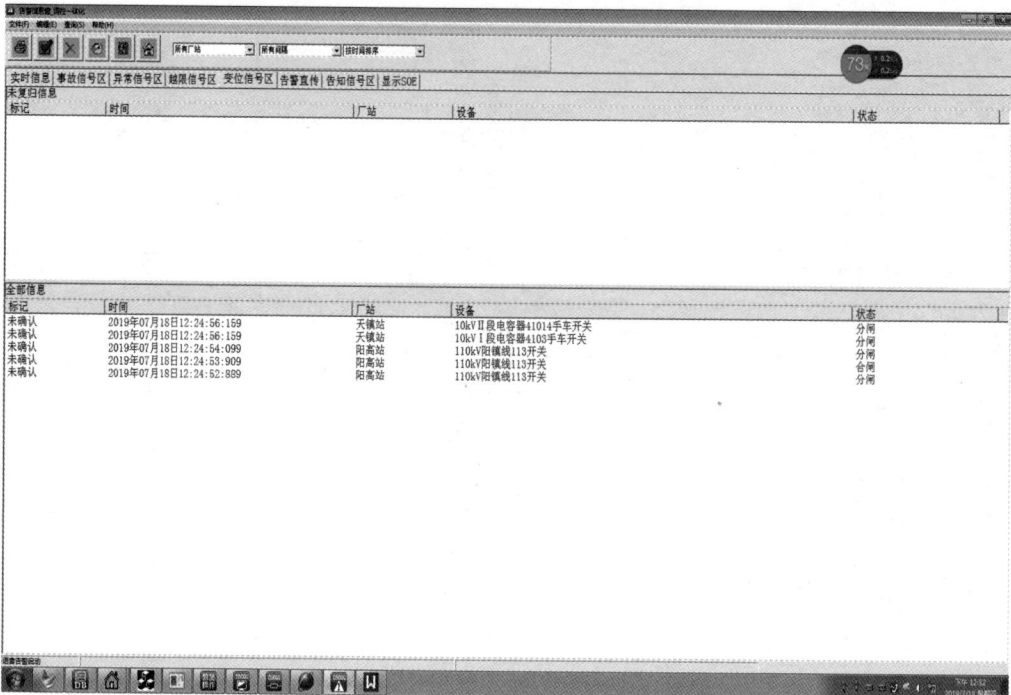

图 4-5　线路故障断路器变位信息

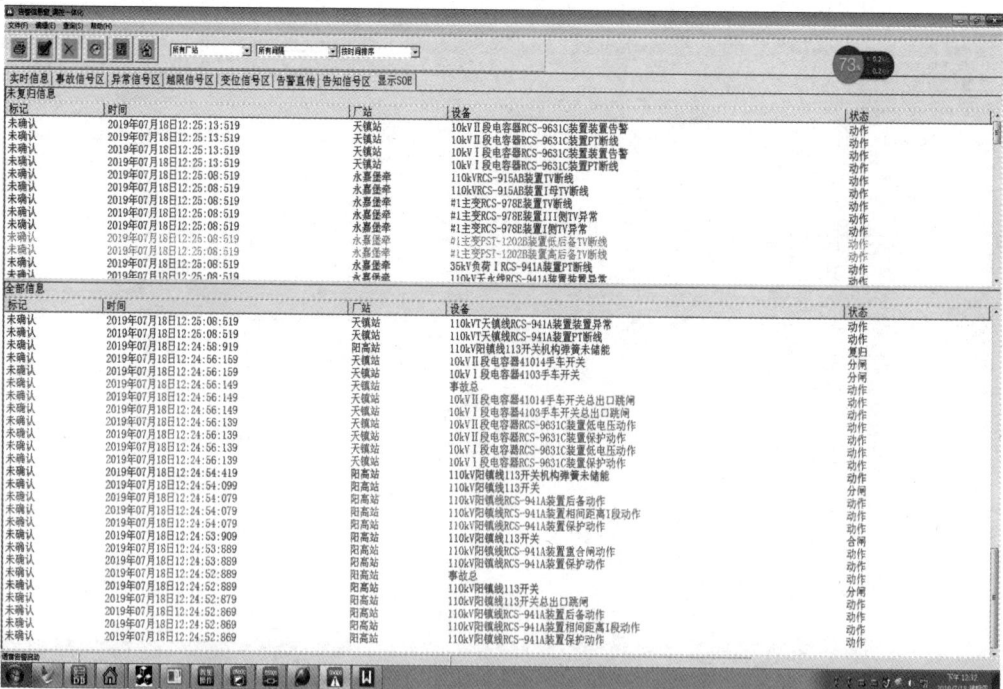

图 4-6　线路故障 SOE 信息

四、案例学习（该案例均参考附录的电网主接线图）

（一）AB 线路（A 站 111－B 站 122）发生相间故障跳闸

1. 查阅事故信息

查阅并记录事故信息窗中关于故障线路的保护动作信息、断路器变位信息、SOE 信息及其他相关信息等。重要保护动作信息、其他相关保护动作信息、断路器变位信息见表 4-1～表 4-3。

表 4-1　　　　　　　　　　　　　　　重要保护动作信息

序号	变电站名称	保护信息名称	状态
1	110kV A 站	110kV AB 线 111 差动保护出口	动作
2	110kV A 站	110kV AB 线 111 相间距离 I 段保护出口	动作
3	110kV B 站	110kV AB 线 122 差动保护出口	动作
4	110kV B 站	110kV AB 线 122 相间距离 I 段保护出口	动作
5	110kV B 站	10kV 2 号电容器 814 低电压保护出口	动作
6	110kV B 站	110kV 备用电源自动投入装置保护出口	动作
7	110kV B 站	35kV 光伏线 312 线路故障解列保护出口	动作

表 4-2　　　　　　　　　　　　　　　其他相关保护动作信息

序号	变电站名称	保护信息名称	状态
1	110kV A 站	全站事故总信号	动作
2	110kV A 站	110kV AB 线 111 断路器间隔信号	动作
3	110kV B 站	全站事故总信号	动作
4	110kV B 站	110kV AB 线 122 断路器间隔信号	动作
5	110kV B 站	35kV 光伏线 312 断路器间隔信号	动作
6	110kV B 站	10kV 2 号电容器 814 断路器间隔信号	动作
7	110kV B 站	10kV 2 号电容器保护动作闭锁自动电压控制系统（AVC）	动作
8	110kV B 站	交流屏交流馈线故障	动作
9	110kV B 站	直流屏交流输入故障	动作

表 4-3　　　　　　　　　　　　　　　断路器变位信息

序号	变电站名称	保护信息名称	状态
1	110kV A 站	110kV AB 线 111 断路器	分闸
2	110kV B 站	110kV AB 线 122 断路器	分闸
3	110kV B 站	10kV 2 号电容器 814 断路器	分闸
4	110kV B 站	35kV 光伏线 312 断路器	分闸
5	110kV B 站	110kV 分段 120 断路器	合闸

2. 事故分析判断

从表 4-1～表 4-3 不难分析出下列故障信息：

（1）A 站 110kV AB 线 111 线路故障，差动主保护、相间距离Ⅰ段保护动作，造成 AB 线 111 断路器跳开并处于分闸位置。

（2）B 站 110kV AB 线 122 线路差动保护、相间距离Ⅰ段保护动作，造成 AB 线 122 断路器跳开并处于分闸位置。

（3）B 站 10kV 2 号电容器 814 低电压保护动作，造成 2 号电容器 814 断路器跳开并处于分闸位置。

（4）B 站 35kV 光伏线 312 线路故障解列保护动作，造成光伏线 312 断路器跳开并处于分闸位置。

（5）B 站 110kV 备用电源自动投入装置动作，合上分段 120 断路器，B 站 110kV CB 线 121 线路带本站全部负荷。

3. 事故处理

（1）令现场运维人员检查 A、B 变电站一次侧、二次侧设备情况，调度人员根据反馈信息将 AB 线路转检修处理。

（2）令监控人员合上 B 站 35kV 光伏线 312 断路器，恢复正常运行状态。

（3）AB 线路故障处理完成后，将所做安全措施全部拆除，并将 AB 线路转为热备用状态。

（4）合上 A 站 110kV AB 线 111 断路器。

（5）合上 B 站 110kV AB 线 122 断路器，检查带负荷运行后，拉开 110kV 分段 120 断路器。

（二）AB 线路（A 站 111-B 站 122）发生单相接地故障跳闸

1. 查阅事故信息

查阅并记录事故信息窗中关于故障线路的保护动作信息、断路器变位信息、SOE 信息及其他相关信息等。重要保护动作信息、其他相关保护动作信息、断路器变位信息见表 4-4～表 4-6。

表 4-4　　　　　　　　　　　　　　重要保护动作信息

序号	变电站名称	保护信息名称	状态
1	110kV A 站	110kV AB 线 111 差动保护出口	动作
2	110kV A 站	110kV AB 线 111 接地距离Ⅰ段保护出口	动作
3	110kV B 站	110kV AB 线 122 差动保护出口	动作
4	110kV B 站	110kV AB 线 122 接地距离Ⅰ段保护出口	动作
5	110kV B 站	10kV 2 号电容器 814 低电压保护出口	动作
6	110kV B 站	110kV 备用电源自动投入装置保护出口	动作
7	110kV B 站	35kV 光伏线 312 线路故障解列保护出口	动作

表 4 - 5　　　　　　　　　　　　　　其他相关保护动作信息

序号	变电站名称	保护信息名称	状态
1	110kV A 站	全站事故总信号	动作
2	110kV A 站	110kV AB 线 111 断路器间隔信号	动作
3	110kV B 站	全站事故总信号	动作
4	110kV B 站	110kV AB 线 122 断路器间隔信号	动作
5	110kV B 站	35kV 光伏线 312 断路器间隔信号	动作
6	110kV B 站	10kV 2 号电容器 814 断路器间隔信号	动作
7	110kV B 站	10kV 2 号电容器保护动作闭锁 AVC	动作
8	110kV B 站	交流屏交流馈线故障	动作
9	110kV B 站	直流屏交流输入故障	动作

表 4 - 6　　　　　　　　　　　　　　断路器变位信息

序号	变电站名称	保护信息名称	状态
1	110kV A 站	110kV AB 线 111 断路器	分闸
2	110kV B 站	110kV AB 线 122 断路器	分闸
3	110kV B 站	10kV 2 号电容器 814 断路器	分闸
4	110kV B 站	35kV 光伏线 312 断路器	分闸
5	110kV B 站	110kV 分段 120 断路器	合闸

2. 事故分析判断

从表 4 - 4～表 4 - 6 不难分析出下列故障信息：

（1）A 站 110kV AB 线 111 线路故障，差动主保护、接地距离 I 段保护动作，造成 AB 线 111 断路器跳开并处于分闸位置。

（2）B 站 110kV AB 线 122 线路差动保护、接地距离 I 段保护动作，造成 AB 线 122 断路器跳开并处于分闸位置。

（3）B 站 10kV 2 号电容器 814 低电压保护动作，造成 2 号电容器 814 断路器跳开并处于分闸位置。

（4）B 站 35kV 光伏线 312 线路故障解列保护动作，造成 35kV 光伏线 312 断路器跳开并处于分闸位置。

（5）B 站 110kV 备用电源自动投入装置动作，合上 110kV 分段 120 断路器，B 站 110kV CB 线 121 线路带本站全部负荷。

3. 事故处理

（1）令现场运维人员检查 A、B 变电站一、二次侧设备情况，调度人员根据反馈信息将 AB 线路转检修处理。

（2）令监控人员合上 B 站 35kV 光伏线 312 断路器，恢复正常运行方式。

（3）AB 线路故障处理完成后，将所做安全措施全部拆除，并将 AB 线路转为热备用状态。

（4）合上 A 站 110kV AB 线 111 断路器。

（5）合上 B 站 110kV AB 线 122 断路器，检查带负荷运行后，拉开 110kV 分段 100 断路器。

（三）B 站 35kV 出线 1 线 311 线路故障，保护装置闭锁，造成越级跳闸

1. 查阅事故信息

查阅并记录事故信息窗中关于故障线路的保护动作信息、断路器信息、SOE 信息及其他相关信息等。重要保护动作信息、其他相关保护动作信息、断路器变位信息见表 4-7～表 4-9。

表 4-7　　重要保护动作信息

序号	变电站名称	保护信息名称	状态
1	110kV B 站	1 号主变压器中后备保护动作出口	动作

表 4-8　　其他相关保护动作信息

序号	变电站名称	保护信息名称	状态
1	110kV B 站	全站事故总信号	动作
2	110kV B 站	35kV 出线 1 线 311 断路器间隔信号	动作
3	110kV B 站	35kV 出线 1 线 311 保护装置闭锁	动作
4	110kV B 站	1 号主变压器间隔信号	动作
5	110kV B 站	35kV Ⅰ母失电压	动作

表 4-9　　断路器变位信息

序号	变电站名称	保护信息名称	状态
1	110kV B 站	1 号主变压器 301 断路器	分闸
2	110kV B 站	35kV 出线 1 线 311 断路器	合闸
3	110kV B 站	35kV 出线 3 线 313 断路器	合闸

2. 事故分析判断

从表 4-7～表 4-9 不难分析出下列故障信息：

（1）B 站出线 1 线 311 线路故障，保护装置闭锁，造成越级跳闸。

（2）B 站 1 号主变压器中后备保护动作，造成 1 号主变压器 301 断路器跳开并处于分闸位置，35kV Ⅰ母失电压。

3. 事故处理

（1）令现场运维人员检查 B 变电站一、二次侧设备情况，调度人员根据反馈信息将 35kV 出线 1 线 311 线路转检修处理。

（2）拉开 35kV 出线 1 线 311 断路器（监控操作）。

（3）拉开 35kV 出线 3 线 313 断路器（监控操作）。

（4）将 35kV 出线 1 线 311 断路器由热备用状态转冷备用状态（调度令，运维操作），具体操作如下：

1）拉开 311 - 1 隔离开关（运维操作）。

2）拉开 311 - 3 隔离开关（运维操作）。

（5）合上 1 号主变压器 301 断路器（调度令，运维操作），具体操作如下：

1）投入 1 号主变压器零序保护，退出间隙保护（运维操作）。

2）合上 1 号主变压器 1010 接地开关（运维操作）。

3）合上 1 号主变压器 301 断路器（运维操作）。

4）拉开 1 号主变压器 1010 接地开关（运维操作）。

5）投入 1 号主变压器间隙保护，退出零序保护（运维操作）。

（6）合上 35kV 出线 3 线 313 断路器（调度令，运维操作）。

（7）将 35kV 出线 1 线 311 线路由冷备用状态转检修状态（调度令，运维操作），具体操作如下：

1）合上 311 - 10 接地开关（运维操作）。

2）运维人员汇报调度，告知监控。监控人员核对信息及设备状态，并在"出线 1 线 311"间隔处挂"检修"牌，35kV 出线 1 线 311 线路故障及保护装置闭锁故障处理完毕，申请恢复送电。

3）监控人员拆除"出线 1 线 311"间隔处"检修"牌，通知变电运维人员到站操作。

（8）将 35kV 出线 1 线 311 线路由检修状态转冷备用状态（调度令，运维操作），拉开 311 - 10 接地开关（运维操作）。

（9）将 35kV 出线 1 线 311 断路器由冷备用状态转热备用状态（调度令，运维操作），具体操作如下：

1）合上 311 - 3 隔离开关（运维操作）。

2）合上 311 - 1 隔离开关（运维操作）。

（10）合上 35kV 出线 1 线 311 断路器（调度令，监控操作），汇报调度，通知运维。

（四）AB 线路（A 站 111 - B 站 122）发生故障，AB 线 111 断路器拒动，造成越级跳闸

1. 查阅事故信息

查阅并记录事故信息窗中关于故障线路的保护动作信息、断路器变位信息、SOE 信息及其他相关信息等。重要保护动作信息、其他相关保护动作信息、断路器变位信息见表 4 - 10～表 4 - 12。

表 4 - 10　　　　　　　　　　　　　　　　重要保护动作信息

序号	变电站名称	保护信息名称	状态
1	110kV A 站	110kV AB 线 111 差动保护出口	动作
2	110kV A 站	1 号主变压器中后备保护动作出口	动作
3	110kV B 站	110kV AB 线 122 差动保护出口	动作
4	110kV B 站	10kV 2 号电容器 814 低电压保护出口	动作
5	110kV B 站	110kV 备用电源自动投入装置保护出口	动作
6	110kV B 站	35kV 光伏线 312 线路故障解列保护出口	动作

表 4 - 11 其他相关保护动作信息

序号	变电站名称	保护信息名称	状态
1	110kV A 站	全站事故总信号	动作
2	110kV A 站	110kV AB 线 111 断路器间隔信号	动作
3	110kV A 站	1 号主变压器间隔信号	动作
4	110kV B 站	全站事故总信号	动作
5	110kV B 站	110kV AB 线 122 断路器间隔信号	动作
6	110kV B 站	35kV 光伏线 312 断路器间隔信号	动作
7	110kV B 站	10kV 2 号电容器 814 断路器间隔信号	动作
8	110kV B 站	10kV 2 号电容器保护动作闭锁 AVC	动作
9	110kV B 站	交流屏交流馈线故障	动作
10	110kV B 站	直流屏交流输入故障	动作

表 4 - 12 断路器变位信息

序号	变电站名称	保护信息名称	状态
1	110kV A 站	110kV AB 线路 111 断路器	合闸
2	110kV A 站	110kV 母联 100 断路器	分闸
3	110kV A 站	1 号主变压器 101 断路器	分闸
4	110kV B 站	110kV AB 线路 122 断路器	分闸
5	110kV B 站	10kV 2 号电容器 814 断路器	分闸
6	110kV B 站	35kV 光伏线 312 断路器	分闸
7	110kV B 站	110kV 分段 120 断路器	合闸

2. 事故分析判断

从表 4 - 10～表 4 - 12 不难分析出下列故障信息:

(1) A 站 110kV AB 线 111 线路故障,差动主保护动作,AB 线 111 断路器未跳开并处于合闸位置;1 号主变压器中后备保护动作,造成 110kV 100 母联断路器、1 号主变压器 101 断路器跳开并处于分闸位置。

(2) B 站 110kV AB 线 122 线路差动保护动作,造成 AB 线 122 断路器跳开并处于分闸位置。

(3) B 站 10kV 2 号电容器 814 低电压保护动作,造成 2 号电容器 814 断路器跳开并处于分闸位置。

(4) B 站 35kV 光伏线 312 线路故障解列保护动作,造成光伏线 312 断路器跳开并处于分闸位置。

(5) B 站 110kV 备用电源自动投入装置动作,合上分段 120 断路器,B 站 110kV CB 线 121 线路带本站全部负荷。

3. 事故处理

(1) 令现场运维人员检查 A、B 变电站一次侧、二次侧设备情况,调度人员根据反馈信息将 AB 线断路器及线路转检修处理。

（2）检查 110kV AC 线、CB 线负荷不过负荷（监控操作）。

（3）拉开 A 站 110kV AD 线 113 断路器（监控操作）。

（4）拉开 A 站 111-1 隔离开关（调度令，运维操作）。

（5）拉开 A 站 111-3 隔离开关（调度令，运维操作）。

（6）将 B 站 110kV AB 线 122 断路器由热备用状态转冷备用状态（调度令，运维操作），具体操作如下：

1）拉开 122-1 隔离开关（运维操作）。

2）拉开 122-3 隔离开关（运维操作）。

（7）合上 A 站 1 号主变压器 101 断路器（调度令，运维操作），检查 110kV 南母电压正常（运维检查）。

（8）合上 A 站 110kV AD 线 113 断路器（调度令，运维操作）。

（9）合上 A 站 110kV 100 母联断路器（调度令，运维操作）。

（10）合上 B 站 35kV 光伏线 312 断路器（调度令，运维操作）。

（11）将 A 站 110kV AB 线 111 断路器及线路转检修（调度令，运维操作），具体操作如下：

1）合上 111-南北 0 接地开关（运维操作）。

2）合上 111-线 0 接地开关（运维操作）。

（12）将 B 站 110kV AB 线 122 线路转检修（调度令，运维操作），具体操作如下：

1）合上 122-线 0 接地开关（运维操作）。

2）运维人员汇报调度，告知监控。

3）监控人员核对信息及设备状态，并在"AB 线（111-122）"间隔处挂"检修"牌，110kV AB 线 111 线路故障及断路器故障处理完毕，申请恢复送电。监控人员拆除"AB 线（111-122）"间隔处"检修"牌，通知变电运维人员到站操作。

（13）将 A 站 110kV AB 线 111 断路器及线路由检修状态转冷备用状态（调度令，运维操作），具体操作如下：

1）拉开 111-线 0 接地开关（运维操作）。

2）拉开 111-南北 0 接地开关（运维操作）。

（14）拉开 122-线 0 接地开关（运维操作），将 B 站 110kV AB 线 122 线路由检修状态转冷备用状态（调度令，运维操作）。

（15）将 A 站 110kV AB 线 111 断路器由冷备用状态转热备用状态（调度令，运维操作），具体操作如下：

1）合上 111-南隔离开关（运维操作）。

2）合上 111-1 隔离开关（运维操作）。

（16）将 B 站 110kV AB 线 122 断路器由冷备用状态转热备用状态（调度令，运维操作），具体操作如下：

1）合上 122-3 隔离开关（运维操作）。

2）合上 122-1 隔离开关（运维操作）。

（17）合上 A 站 110kV AB 线 111 断路器（调度令，监控操作）。

（18）合上 B 站 110kV AB 线 122 断路器（调度令，监控操作）。

（19）拉开 B 站 110kV 分段 120 断路器（调度令，监控操作），汇报调度，通知运维。

（五）变电运维巡视 C 站发现 110kV AC 线 131-3 隔离开关发热，需停电处理

1. 事故信息

事故信息描述同前案例所述，此处不再重复列出。

2. 事故处理

异常处理处理步骤如下：

（1）检查 110kV AB 线、CB 线线路负荷不过负荷。

（2）退出 C 站 10kV 分段备用电源自动投入装置（调度令，运维操作）。

（3）合上 C 站 10kV 分段 500 断路器（调度令，监控操作）。

（4）检查 C 站 2 号主变压器不过负荷（监控检查）。

（5）拉开 C 站 1 号主变压器 501 断路器（调度令，监控操作），投入 1 号主变压器零序保护，退出间隙保护（运维操作），合上 1 号主变压器 1010 接地开关（运维操作），拉开 1 号主变压器 501 断路器（监控操作）。

（6）拉开 C 站 110kV 分段 130 断路器（调度令，监控操作）。

（7）拉开 C 站 110kV AC 线 131 断路器（调度令，监控操作）。

（8）拉开 A 站 110kV AC 线 112 断路器（调度令，监控操作）。

（9）将 A 站 110kV AC 线 112 断路器由热备用状态转冷备用状态（调度令，运维操作），具体操作如下：

1）拉开 A 站 112-1 隔离开关（运维操作）。

2）拉开 A 站 112-北隔离开关（运维操作）。

（10）拉开 C 站 110kV AC 线 131-1 隔离开关（调度令，运维操作）。

（11）将 C 站 110kV Ⅰ母转冷备用（调度令，运维操作），具体操作如下：

1）拉开 C 站 131-2 隔离开关（运维操作）。

2）拉开 C 站 110kV Ⅰ母电压互感器二次侧小断路器（运维操作）。

3）拉开 C 站 110kV Ⅰ母电压互感器一次侧隔离开关（运维操作）。

4）拉开 C 站 130-1 隔离开关（运维操作）。

5）拉开 C 站 130-2 隔离开关（运维操作）。

（12）将 C 站 110kV Ⅰ母及 AC 线 131 断路器由冷备用状态转检修（调度令，运维操作），具体操作如下：

1）合上 C 站 110kV AC 线 131-10 接地开关（运维操作）。

2）在 C 站 131-3 隔离开关 110kV Ⅰ母侧挂接地线一组（运维操作）。

3）运维人员汇报调度，告知监控人员。

4）监控人员核对信息及设备状态，并在"110kV AC 线 131 间隔及 110kV Ⅰ母母线"处挂"检修"牌。C 站 110kV AC 线 131-3 隔离开关发热故障处理完毕，申请恢复送电，监控人员拆除"110kV AC 线 131 间隔及 110kV Ⅰ母母线"间隔处"检修"牌，通知变电运维人员到站操作。

（13）将 C 站 110kV Ⅰ母及 AC 线 131 断路器由检修状态转冷备用（调度令，运维操作），具体操作如下：

1) 拉开 C 站 110kV AC 线 131 - 10 接地开关（运维操作）。

2) 拆除 C 站 131 - 3 隔离开关 110kV Ⅰ 母侧接地线一组（运维操作）。

（14）将 C 站 110kV 分段 130 断路器由冷备用状态转热备用（调度令，运维操作），具体操作如下：

1) 合上 C 站 130 - 2 隔离开关（运维操作）。

2) 合上 C 站 130 - 1 隔离开关（运维操作）。

3) 合上 C 站 110kV Ⅰ 母电压互感器一次侧隔离开关（运维操作）。

4) 合上 C 站 110kV Ⅰ 母电压互感器二次侧小断路器（运维操作）。

5) 拉开 C 站 131 - 2 隔离开关（运维操作）。

（15）将 C 站 110kV AC 线 131 断路器由冷备用状态转热备用（调度令，运维操作），具体操作如下：

1) 合上 C 站 131 - 3 隔离开关（运维操作）。

2) 合上 C 站 131 - 1 隔离开关（运维操作）。

（16）将 A 站 110kV AC 线 112 断路器由冷备用状态转热备用（调度令，运维操作），具体操作如下：

1) 合上 A 站 112 - 北隔离开关（运维操作）。

2) 合上 A 站 112 - 1 隔离开关（运维操作）。

（17）合上 A 站 110kV AC 线 112 断路器（调度令，监控操作）。

（18）合上 C 站 110kV AC 线 131 断路器（调度令，监控操作），检查 110kV Ⅰ 母电压正常（监控检查）。

（19）合上 C 站 110kV 分段 130 断路器（调度令，监控操作）。

（20）合上 C 站 1 号主变压器 501 断路器（调度令，监控操作）：合上 1 号主变压器 501 断路器（监控操作），拉开 1 号主变压器 1010 接地开关（运维操作），投入 1 号主变压器间隙保护，退出零序保护（运维操作）。

（21）拉开 C 站 10kV 分段 500 断路器（调度令，监控操作），汇报调度，通知运维。

【任务评价】

任务完成后需认真填写任务评价表，线路异常及事故处理任务评价表见表 4 - 13。

表 4 - 13　　　　　　　　　　线路异常及事故处理任务评价表

线路异常及事故处理						
姓名		学号				
序号	评分项目	评分内容及要求	评分标准	扣分	得分	备注
1	准备工作（10 分）	(1) 规范着装。 (2) 工作环境检查到位	(1) 未按照规定着装不满足扣 2 分。 (2) 检查工作台是否整洁、准备工作是否充分、资料是否完整，不满足一项扣 2 分。 (3) 以上扣分，扣完为止			

续表

序号	评分项目	评分内容及要求	评分标准	扣分	得分	备注
2	画面调阅 (10分)	(1) 能正确调阅各场站主接线画面。 (2) 能正确调阅事故设备间隔图	(1) 无关厂站画面调阅一次扣2分。 (2) 事故间隔图未调阅扣5分。 (3) 以上扣分, 扣完为止			
3	信息查看记 (15分)	(1) 检查事故时间、音响记录。 (2) 检查监控断路器变位检查记录。 (3) 检查保护及自动装置报文。 (4) 检查相关遥信、遥测数据记录	(1) 遥测数据少检查一条扣2分。 (2) 光字信号少检查一条扣3分。 (3) 断路器变位检查记录少检查一条扣5分。 (4) 以上扣分, 扣完为止			
4	事故分析判断 (15分)	(1) 清楚描述保护动作情况。 (2) 清楚描述断路器跳闸情况。 (3) 事故判断正确	(1) 保护动作情况描述不清扣3分。 (2) 断路器跳闸情况描述不清扣3分。 (3) 事故判断错误扣15分			
5	事故处理操作 (50分)	(1) 断路器位置检查。 (2) 遵循隔离故障操作原则。 (3) 对侧厂站隔离操作	(1) 未检查断路器位置扣5分。 (2) 隔离故障操作原则错误扣10分。 (3) 少拉一处隔离开关扣5分。 (4) 对侧厂站未隔离扣10分。 (5) 能送电设备未送电扣10分。 (6) 未验电扣10分。 (7) 故障设备未转检修状态扣10分。 (8) 未挂"检修"标识牌扣5分。 (9) 造成事故扩大扣50分。 (10) 以上扣分, 扣完为止			
7	总分100分					

| 开始时间: 时 分
结束时间: 时 分 | | | | 实际时间:
时 分 | | |
| 教师 | | | | | | |

【任务扩展】

(1) 线路最常见的故障有哪些? 这些故障有什么特点?

(2) 线路跳闸后送电端一般如何选择?

(3) 线路故障跳闸对电网有何影响?

任务二　变压器异常及事故处理

【任务目标】

能够掌握变压器异常及事故处理原则。

【任务描述】

该任务主要完成变压器过热、过负荷时的处理，以及变压器内部、外部故障跳闸时的处理。

【知识准备】

一、变压器常见异常

1. 变压器过负荷

变压器过负荷指变压器的实际负载超过了其额定容量。变压器过负荷时，其各部分的温升将比额定负荷运行时高，从而加速变压器绝缘老化，威胁变压器运行。通常变压器具备短时间过负荷运行的能力，具体时间和过负荷数值应严格按照执照厂家的规定执行。

造成变压器过负荷的原因有：①变压器所带负荷增长过快；②并联运行的变压器事故退出运行；③系统事故造成发电机组跳闸；④系统事故造成网内潮流转移等。

2. 变压器过热

变压器温升过快，俗称过热，是指变压器监视油温超过规定值，油浸式变压器顶层油温的一般规定值见表 4-14。当变压器冷却系统电源发生故障，使冷却器停运和变压器发生内部过热故障时，或环境温度超过 40℃时，变压器发生不正常的温度升高。

表 4-14　　　　　　　　　油浸式变压器顶层油温的一般规定值

冷却方式	冷却介质最高温度（℃）	最高顶层油温（℃）
自然循环自冷、风冷	40	95
强迫油循环风冷	40	85
强迫油循环水冷	40	70

3. 其余异常现象

除上述变压器过负荷和变压器过热外，常见的还有变压器过励磁等异常现象。

二、变压器常见故障

变压器的故障种类是多种多样的，引起的原因也极为复杂。按照变压器故障区域可分为内部故障、外部故障。

1. 变压器的内部故障

（1）磁路故障，即在变压器内部铁芯、贴铁轭及夹件中的故障，其中最多的是铁芯多点接地故障。

（2）绕组故障，包括在线段、纵绝缘和引线中的故障，如绝缘击穿、断线，绕组匝间、层间短路及绕组变形。

（3）绝缘系统中的故障，即在绝缘油和主绝缘中的故障，如绝缘油异常、绝缘系统受潮、相间短路等。

（4）结构件和组件故障，如内部装配金具和分接开关、套管、冷区器等组件引起的故障。

2. 变压器的外部故障

（1）外因引起的漏油，变压器漏油是一个长期和普遍存在的故障现象。变压器渗油危害很大，严重时会引起火灾烧损，使绕组绝缘降低；带电接头在无油绝缘的状况下运行，会导致短路、烧毁甚至爆炸。

（2）冷却系统故障，如冷却器故障、油泵故障等。

（3）分接开关及传动装置、控制设备故障。

（4）其他附件故障，如套管、储油柜、测温元件、净油器、吸湿器、油位计及气体继电器和压力释放阀等故障。

（5）变压器引线及所属隔离开关、断路器发生故障，也会造成变压器保护动作，使变压器跳闸退出运行。

（6）电网其他元件故障，该元件的断路器发生拒动，引起变压器后备保护动作。

3. 差动保护和瓦斯保护

变压器的差动保护是变压器的主保护，它按循环电流原理装设，反应变压器的内部故障和外部故障，动作于断路器跳闸，使变压器与系统脱离。主要用来保护双绕组或三绕组变压器绕组内部及其引出线上发生的各种相间短路故障，也可以用来保护变压器单相匝间短路故障。

瓦斯保护仅作用于变压器内部保护，与差动保护同样属于变压器的主保护。瓦斯保护可分为轻瓦斯保护、重瓦斯保护。轻瓦斯保护动作报信号，重瓦斯保护动作跳闸。

三、变压器及高压电抗器故障的一般处置原则

（1）变压器、高压电抗器的重瓦斯保护或差动保护之一动作跳闸，一般不进行试送。检查确认内部、外部无故障者，可试送一次，有条件时应进行零起升压。

（2）变压器、高压电抗器后备保护动作跳闸，确定本体及引线无故障后，可试送一次。

（3）中性点接地的变压器故障跳闸后，值班调度员应按规定调整其他运行变压器的中性点接地方式。

【任务实施】

一、变压器过负荷处理

正常运行变压器出现过负荷时，首先应该查看主变压器所带负荷情况，然后根据现场情况将过负荷主变压器所带负荷转移至其他正常运行主变压器，或者投入备用变压器，或者按照规定限制负荷，并命令监控人员继续对异常主变压器加强监视。

二、变压器过热处理

当变压器出现过热异常情况时，首先应确认现场测温装置是否准确，其次确认现场变压器冷却系统是否出现故障。若测温准确，冷却系统正常，变压器在正常负荷和冷却系统条件下发生过热等异常现象，则认为变压内部存在问题，则应立即停运主变压器。

三、变压器跳闸事故处理

当正常运行主变压器因内部故障、外部故障发生跳闸时，处理方法如下：

（1）查阅监控系统发出的告警事故窗信息，包括事故总信号、保护动作信息、语音告警信息、SOE 信息、事故弹出的主接线图及相关断路器的变位信息等，相关信息如图 4 - 7～图 4 - 12 所示。

（2）根据故障信息及保护动作信息，分析研判主变压器的故障类型及可能故障范围，明确故障后的站内运行方式。

（3）结合运维现场反馈故障信息，尽快将故障主变压器隔离并处理。

（4）待主变压器故障处理完成后，恢复站内正常运行方式。

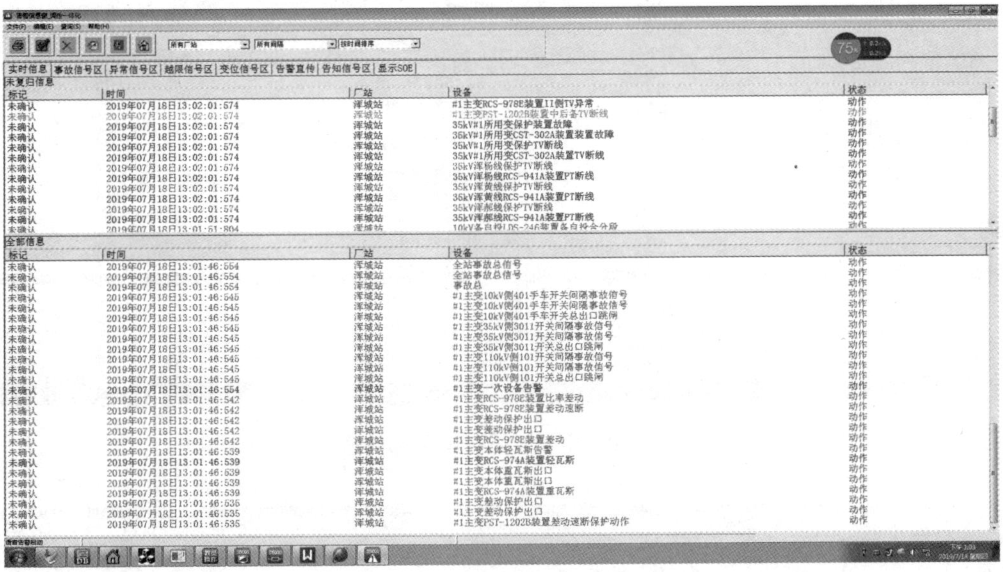

图 4 - 7　主变压器故障全部信息 1

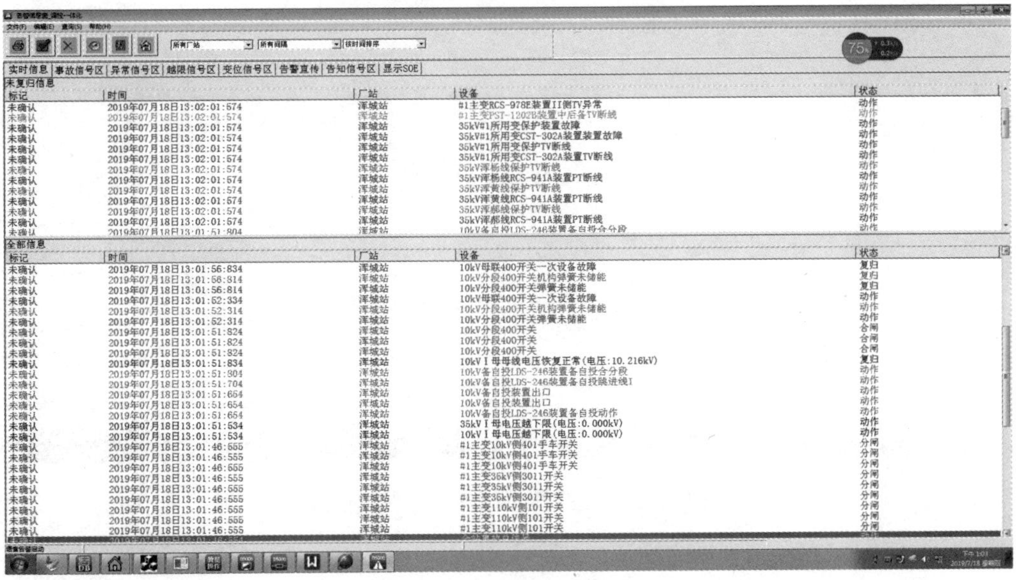

图 4 - 8　主变压器故障全部信息 2

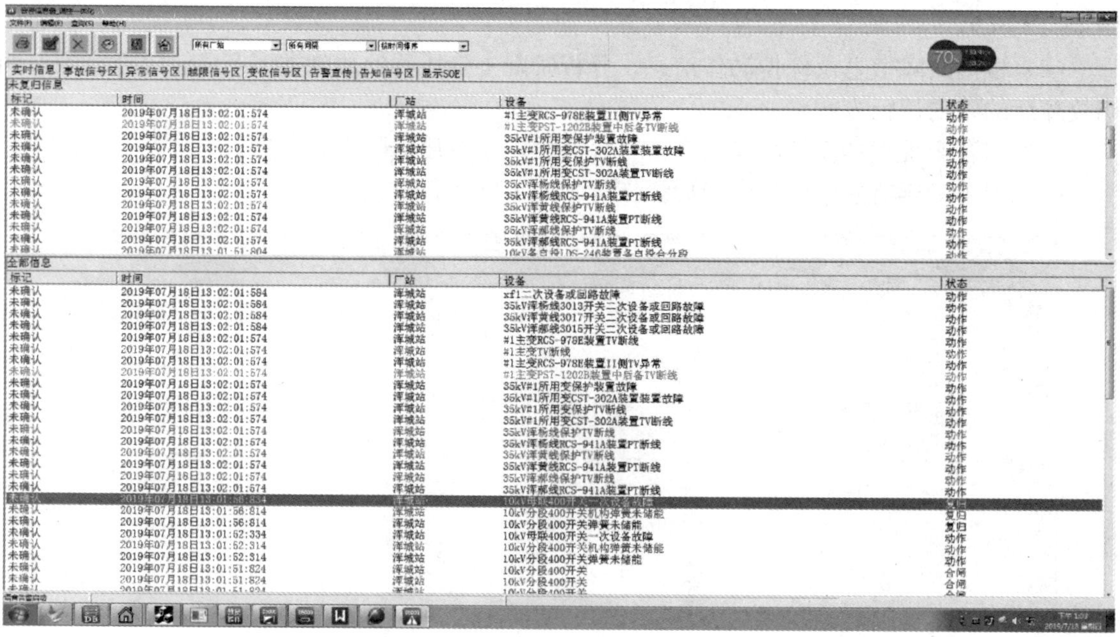

图 4-9　主变压器故障全部信息 3

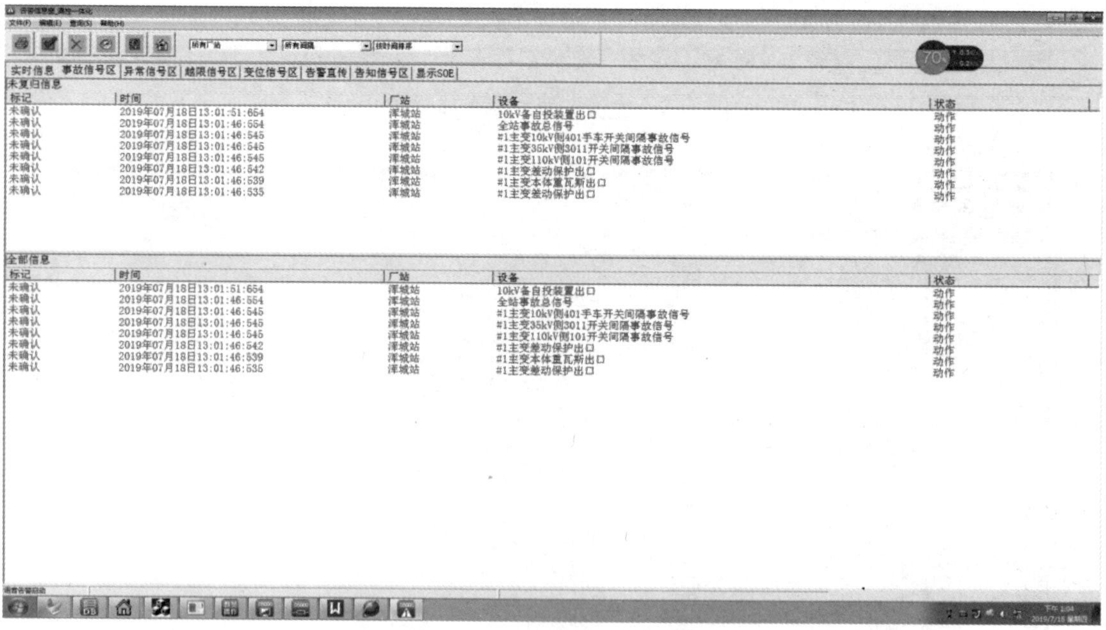

图 4-10　主变压器故障主要保护信息

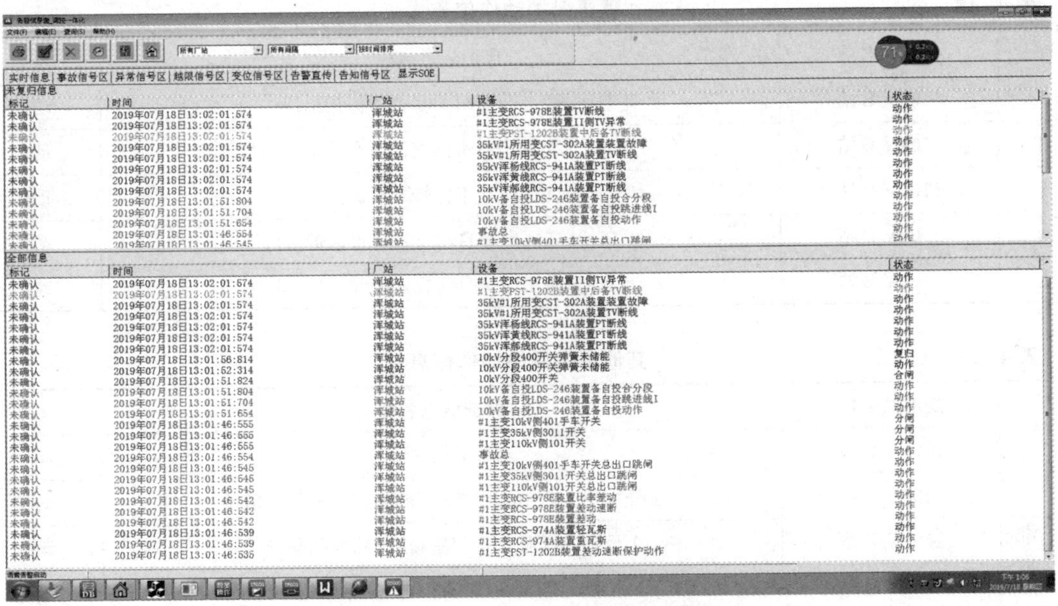

图 4 - 11　主变压器故障 SOE 信息

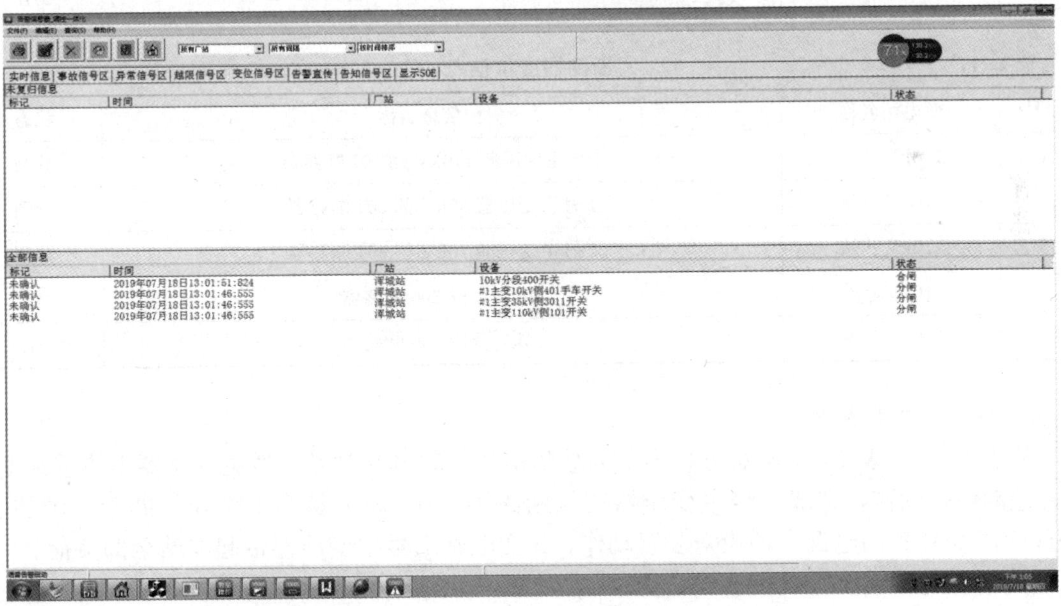

图 4 - 12　主变压器故障断路器变位信息

四、案例学习（该案例操作均参考附录的电网主接线图）

（一）B 站 1 号主变压器因内部故障发生跳闸

1. 查阅事故信息

查阅并记录事故信息窗中关于故障主变压器的保护动作信息、断路器变位信息、SOE 信息及其他相关信息等。重要保护动作信息、其他相关保护动作信息、断路器变位信息见表 4 -15～表 4 - 17。

表 4-15 重要保护动作信息

序号	变电站名称	保护信息名称	状态
1	110kV B站	1号主变压器第Ⅰ套差动保护出口	动作
2	110kV B站	1号主变压器本体重瓦斯保护出口	动作
3	110kV B站	1号主变压器本体轻瓦斯保护告警	动作
4	110kV B站	35kV备用电源自动投入装置保护出口	动作
5	110kV B站	10kV备用电源自动投入装置保护出口	动作

表 4-16 其他相关保护动作信息

序号	变电站名称	保护信息名称	状态
1	110kV B站	全站事故总信号	动作
2	110kV B站	1号主变压器10kV侧801断路器手车间隔信号	动作
3	110kV B站	1号主变压器35kV侧301断路器间隔信号	动作
4	110kV B站	1号主变压器110kV侧101断路器间隔信号	动作
5	110kV B站	1号主变压器第Ⅰ套差动保护装置TV断线	动作
6	110kV B站	1号主变压器第Ⅰ套差动保护装置TA断线	动作

表 4-17 断路器变位信息

序号	变电站名称	保护信息名称	状态
1	110kV B站	1号主变压器110kV侧101断路器	分闸
2	110kV B站	1号主变压器35kV侧301断路器	分闸
3	110kV B站	1号主变压器10kV侧801断路器	分闸
4	110kV B站	35kV分段300断路器	合闸
5	110kV B站	10kV分段800断路器	合闸

2. 事故分析判断

从表4-15～表4-17不难分析出下列故障信息：110kV B站1号主变压器本体重瓦斯保护、差动保护动作，造成1号主变压器三侧断路器101、301及801跳开并处于分闸位置，35kV和10kV备用电源自动投入装置动作，B变电站2号主变压器带起本站全部负荷。

3. 事故处理

（1）令现场运维人员检查B变电站一、二次侧设备检查情况，调度人员结合反馈信息决定1号主变压器是否转检修处理。

（2）令运维人员退出B变电站35kV和10kV备用电源自动投入装置。

（3）1号主变压器故障处理完成后，将所做安全措施全部拆除，并将1号主变压器转为热备用状态。

（4）合上1号主变压器101断路器冲击1号主变压器一次，冲击正常后，拉、合1号主变压器101断路器2次，最后使101断路器保留在合位（主变压器内部故障吊芯大修）。

（5）合上1号主变压器35kV侧301断路器，检查带负荷运行后，拉开35kV分段300

断路器；合上 1 号主变压器 10kV 侧 801 断路器，检查带负荷运行后，拉开 10kV 分段 800 断路器；投入 35kV 分段 300 断路器、10kV 分段 800 断路器的备用电源自动投入装置。

（二）A 站 1 号主变压器因外部故障发生跳闸

1. 查阅事故信息

查阅并记录事故信息窗中关于故障主变压器的保护动作信息、断路器变位信息、SOE 信息及其他相关保护信息等。重要保护动作信息、其他相关保护动作信息、断路器变位信息 见表 4-18～表 4-20。

表 4-18　　　　　　　　　　　　　重要保护动作信息

序号	变电站名称	保护信息名称	状态
1	220kV A 站	1 号主变压器第 I 套差动保护出口	动作
2	220kV A 站	1 号主变压器第 II 套差动保护出口	动作
3	220kV A 站	1 号主变压器 201 断路器 SF_6 低气压闭锁	动作
4	220kV A 站	220kV 失灵保护出口	动作

表 4-19　　　　　　　　　　　　　其他相关保护动作信息

序号	变电站名称	保护信息名称	状态
1	220kV A 站	全站事故总信号	动作
2	220kV A 站	1 号主变压器 35kV 侧 401 断路器手车间隔信号	动作
3	220kV A 站	1 号主变压器 110kV 侧 101 断路器间隔信号	动作
4	220kV A 站	1 号主变压器 220kV 侧 201 断路器间隔信号	动作
5	220kV A 站	220kV 1 号线路 211 断路器间隔信号	动作
6	220kV A 站	220kV 母联 200 断路器间隔信号	动作
7	220kV A 站	1 号主变压器第 I 套差动保护装置 TV 断线	动作
8	220kV A 站	1 号主变压器第 I 套差动保护装置 TA 断线	动作
9	220kV A 站	1 号主变压器第 II 套差动保护装置 TV 断线	动作
10	220kV A 站	1 号主变压器第 II 套差动保护装置 TA 断线	动作

表 4-20　　　　　　　　　　　　　断路器变位信息

序号	变电站名称	保护信息名称	状态
1	220kV A 站	1 号主变压器 220kV 侧 201 断路器	合闸
2	220kV A 站	1 号主变压器 110kV 侧 101 断路器	分闸
3	220kV A 站	1 号主变压器 35kV 侧 401 断路器	分闸
4	220kV A 站	35kV 分段 400 断路器	分闸
5	220kV A 站	220kV 1 号线路 211 断路器	分闸
6	220kV A 站	220kV 母联 200 断路器	分闸

注　因失灵保护动作，220kV 1 号线 211 断路器跳开的同时，对侧站端相应断路器也有保护动作、分闸等信息，这 里不做描述。

2. 事故分析判断

从表 4 - 18～表 4 - 20 分析得出下列信息：

（1）220kV A 站 1 号主变压器差动保护动作，造成 1 号主变压器三侧断路器跳开并处于分闸位置（实际 201 断路器合闸，101、401 断路器分闸）。

（2）由于 1 号主变压器 201 断路器低气压闭锁引起拒动，220kV 失灵保护动作，跳开所在母线上的 200、211 断路器，致使 220kV 东母及 220kV 1 号线路失电压。

（3）35kV 备用电源自动投入装置未动作，也未发现 35kV 备用电源自动投入装置保护动作相关信息，35kV 分段 400 断路器仍处于分闸状态，初步判断为 A 站 35kV 备用电源自动投入装置保护拒动造成 1 号主变压器所带 35kV Ⅰ母线失电压。

3. 事故处理

（1）调度人员令现场运维人员检查 A 变电站 1 号主变压器一次侧、二次侧设备情况，确认一次侧、二次侧设备无异常，结合监控事故信息，令 A 站现场运维人员退出 35kV 分段 400 断路器备用电源自动投入装置，合上 35kV 分段 400 断路器，抢送 35kV Ⅰ母。

（2）调度人员令现场运维人员将 A 变电站中性点接地方式由 1 号主变压器接地倒换至 2 号主变压器接地，期间严格控制 2 号主变压器过负荷运行；将现场相关故障信息反馈上级调度（省调），经上级调度许可后将 1 号主变压器及 201 断路器间隔隔离后转检修处理。

（3）上级调度令 A 站运维人员送出 220kV 1 号线路及 A 站 220kV 东母。

（4）1 号主变压器及 201 断路器故障处理完成后，经上级调度许可后将所做安全措施全部拆除，并将 1 号主变压器转为热备用状态。

（5）经上级调度许可后，送出 1 号主变压器，依次合上 1 号主变压器 201、101、401 断路器，并投入 35kV 分段 400 断路器备用电源自动投入装置，恢复站内正常运行方式。

（三）C 站 1 号主变压器因外部故障发生跳闸

1. 查阅事故信息

查阅并记录事故信息窗中关于故障主变压器的保护动作信息、断路器变位信息、SOE 信息及其他相关保护信息等。重要保护动作信息、其他相关保护动作信息、断路器变位信息见表 4 - 21～表 4 - 23。

表 4 - 21　　　　　　　　　　重要保护动作信息

序号	变电站名称	保护信息名称	状态
1	110kV C 站	1 号主变压器第 Ⅰ 套差动保护出口	动作
2	110kV C 站	10kV 备用电源自动投入装置保护出口	动作

表 4 - 22　　　　　　　　　　其他相关保护动作信息

序号	变电站名称	保护信息名称	状态
1	110kV C 站	全站事故总信号	动作
2	110kV C 站	1 号主变压器 10kV 侧 501 断路器手车间隔信号	动作
3	110kV C 站	110kV AC 线 131 断路器间隔信号	动作
4	110kV C 站	110kV 分段 130 断路器间隔信号	动作

续表

序号	变电站名称	保护信息名称	状态
5	110kV C站	1号主变压器第Ⅰ套差动保护装置 TV 断线	动作
6	110kV C站	1号主变压器第Ⅰ套差动保护装置 TA 断线	动作

表 4 - 23 断路器变位信息

序号	变电站名称	保护信息名称	状态
1	110kV C站	1号主变压器10kV侧501断路器	分闸
2	110kV C站	110kV AC线131断路器	分闸
3	110kV C站	110kV分段130断路器	分闸
4	110kV C站	10kV分段500断路器	合闸

2. 事故分析判断

从表 4 - 21～表 4 - 23 分析得出下列信息：

(1) 110kV C站1号主变压器差动保护动作，造成1号主变压器三侧断路器跳闸并处于分闸位置（因C站为内桥接线，1号主变压器差动保护动作使站内低压501断路器、110kV分段130断路器、进线110kV AC线131断路器分闸）。

(2) 10kV备用电源自动投入装置正确动作，10kV分段500断路器处于合闸状态，2号主变压器带起全站低压侧全部负荷。

3. 事故处理

(1) 调度人员令现场运维人员检查C站1号主变压器一、二次侧设备情况，确认一、二次侧设备无异常。

(2) 调度人员结合现场运维人员反馈信息，将C站1号主变压器转检修处理。

(3) C站1号主变压器转检修期间，通知运维人员加强2号主变压器测温巡视。

(4) 1号主变压器故障处理完成后，调度人员下令将1号主变压器转热备用；投入110kV分段130断路器充电保护，合上110kV分段130断路器，检查1号主变压器充电正常后，退出110kV分段130断路器充电保护，合上110kV AC线131断路器；合上1号主变压器501断路器，拉开10kV分段500断路器，投入10kV分段500断路器，恢复C站正常运行方式。

（四）B站2号主变压器因外部故障发生跳闸

1. 查阅事故信息

查阅并记录事故信息窗中关于故障主变压器的保护动作信息、短路器变位信息、SOE信息及其他相关信息等。重要保护动作信息、其他相关保护动作信息、断路器变位信息见表4 - 24～表 4 - 26。

表 4 - 24 重要保护动作信息

序号	变电站名称	保护信息名称	状态
1	110kV B站	2号主变压器第Ⅰ套差动保护出口	动作
2	110kV B站	35kV备用电源自动投入装置保护出口	动作
3	110kV B站	10kV备用电源自动投入装置保护出口	动作

表 4 - 25   其他相关保护动作信息

序号	变电站名称	保护信息名称	状态
1	110kV B 站	全站事故总信号	动作
2	110kV B 站	2 号主变压器 10kV 侧 802 断路器手车间隔信号	动作
3	110kV B 站	2 号主变压器 35kV 侧 302 断路器间隔信号	动作
4	110kV B 站	2 号主变压器 110kV 侧 102 断路器间隔信号	动作
5	110kV B 站	2 号主变压器第 Ⅰ 套差动保护装置 TV 断线	动作
6	110kV B 站	2 号主变压器第 Ⅰ 套差动保护装置 TA 断线	动作

表 4 - 26   断路器变位信息

序号	变电站名称	信息名称	状态
1	110kV B 站	2 号主变压器 110kV 侧 102 断路器	分闸
2	110kV B 站	2 号主变压器 35kV 侧 302 断路器	分闸
3	110kV B 站	2 号主变压器 10kV 侧 802 断路器	分闸
4	110kV B 站	35kV 分段 300 断路器	合闸

2. 事故分析判断

从表 4 - 24～表 4 - 25 不难分析得出下列故障信息：

（1）110kV B 站 2 号主变压器本体差动保护动作，造成 2 号主变压器三侧断路器 102、302 及 802 断路器跳开并处于分闸位置。

（2）35kV、10kV 侧备用电源自动投入装置动作，但最终 35kV 分段 300 断路器合闸、10kV 分段 800 断路器未合闸，造成 2 号主变压器带起 35kV 全部负荷，10kV Ⅱ 母及所带出线全部负荷失电压，结合 10kV 备用电源自动投入装置动作正确，且 10kV 分段 800 断路器无分合闸信息，初步判断 10kV 分段 800 断路器因断路器拒动，致使 10kV Ⅱ 母及所带出线全部负荷失电压。

3. 事故处理

（1）调度人员令现场运维人员投入 1 号主变压器零序保护，合上 1 号主变压器 1010 中性点接地开关，退出 1 号主变压器间隙保护。将 B 站中性点由 2 号主变压器倒至 1 号主变压器。

（2）令现场运维人员检查 B 站 2 号主变压器保护动作情况，以及一、二次侧设备有无异常情况，调度人员结合反馈信息决定 1 号主变压器是否转检修处理。

（3）令现场运维人员检查 10kV 分段 800 断路器拒动原因，调度人员结合反馈信息决定 10kV 分段 800 断路器是否转检修处理。

（4）调度人员令运维人员退出 B 站 35kV 和 10kV 备用电源自动投入装置。

（5）2 号主变压器、10kV 分段 800 断路器故障处理完成后，调度员令现场运维人员将现场所做安全措施全部拆除，并将 1 号主变压器、10kV 分段 800 断路器转为热备用。

（6）调度人员令现场运维人员合上 2 号主变压器 102 断路器，合上 35kV 分段 302 断路器，检查带负荷运行后，拉开 35kV 分段 300 断路器，投入 35kV 分段 300 断路器备用电源自动投入装置；投入 10kV 分段 800 断路器充电保护，合上 10kV 分段 800 断路器，充电正常后退出 10kV 分段 800 断路器充电保护，合上 2 号主变压器 10kV 侧 802 断路器，拉开 10kV 分段 800 断路器，投入 10kV 分段 800 断路器备用电源自动投入装置，检查 2 号主变压器中性点 1020 接地开关在投入位置，恢复 B 变电站正常运行方式。

（7）调度人员令现场运维人员投入 1 号主变压器间隙保护，拉开 1 号主变压器 1010 中性点接地开关，投入 1 号主变压器间隙保护。将 B 站中性点恢复至 1 号主变压器运行。

（五）C 站 2 号主变压器因内部故障发生跳闸

1. 查阅事故信息

查阅并记录事故信息窗中关于故障主变压器、变电站的保护动作信息、断路器变位信息、SOE 信息及其他相关保护信息等。重要保护动作信息、其他相关保护动作信息、断路器变位信息见表 4 - 27～表 4 - 29。

表 4 - 27　　　　　　　　　　重要保护动作信息

序号	变电站名称	保护信息名称	状态
1	110kV C 站	2 号主变压器第 I 套差动保护出口	动作
2	110kV C 站	2 号主变压器轻瓦斯保护出口	动作
3	110kV C 站	2 号主变压器重瓦斯保护出口	动作
4	110kV C 站	10kV 备用电源自动投入装置保护出口	动作
5	110kV B 站	110kV 分段 120 断路器备用电源自动投入装置保护出口	动作

表 4 - 28　　　　　　　　　　其他相关保护动作信息

序号	变电站名称	保护信息名称	状态
1	110kV C 站	全站事故总信号	动作
2	110kV C 站	2 号主变压器 10kV 侧 502 断路器手车间隔信号	动作
3	110kV C 站	110kV CB 线 132 断路器间隔信号	动作
4	110kV C 站	110kV 分段 130 断路器间隔信号	动作
5	110kV C 站	2 号主变压器第 I 套差动保护装置 TV 断线	动作
6	110kV C 站	2 号主变压器第 I 套差动保护装置 TA 断线	动作
7	110kV B 站	全站事故总信号	动作
8	110kV B 站	110kV CB 线 121 断路器间隔信号	动作
9	110kV B 站	110kV 分段 120 断路器间隔信号	动作

表 4 - 29   **断路器变位信息**

序号	变电站名称	保护信息名称	状态
1	110kV C 站	2 号主变压器 10kV 侧 502 断路器	分闸
2	110kV C 站	110kV CB 线 132 断路器	分闸
3	110kV C 站	110kV 分段 130 断路器	分闸
4	110kV C 站	10kV 分段 500 断路器	合闸
5	110kV B 站	110kV CB 线 121 断路器	分闸
6	110kV B 站	110kV 分段 120 断路器	合闸

2. 事故分析判断

从表 4 - 27～表 4 - 29 分析得出下列信息：

（1）110kV C 站 2 号主变压器差动保护动作，造成 2 号主变压器三侧断路器跳闸并处于分闸位置（因 C 站为内桥接线，2 号主变压器差动保护动作使站内低压 502 断路器、110kV 分段 130 断路器、进线 110kV CB 线 132 断路器分闸）。

（2）10kV 备用电源自动投入装置正确动作，10kV 分段 500 断路器处于合闸状态，2 号主变压器带起全站低压侧全部负荷。

（3）C 站 110kV CB 线 132 断路器跳闸，B 站电源进线 110kV CB 线失电压，满足 110kV 备用电源自动投入装置动作，使得 110kV CB 线 121 断路器跳闸，110kV 分段 120 断路器合闸，110kV AB 线带起 B 变电站全部负荷。

3. 事故处理

（1）调度人员令现场运维人员检查 C 站 2 号主变压器保护动作信息及一、二次侧设备，确认一、二次侧设备无异常。

（2）调度人员结合现场运维人员反馈信息，将 C 站 2 号主变压器转检修处理。

（3）C 站 2 号主变压器转检修期间，调度人员通知运维人员加强 1 号主变压器测温巡视，通知输电运检室加强 110kV AC 线、AB 线特巡工作。

（4）2 号主变压器故障处理完成后，调度人员下令将 2 号主变压器转热备用；投入 110kV 分段 130 断路器充电保护，合上 110kV 分段 130 断路器，检查 1 号主变压器充电正常后，退出 110kV 分段 130 断路器充电保护，合上 110kV CB 线 132 断路器；合上 2 号主变压器 502 断路器，拉开 10kV 分段 500 断路器，投入 10kV 分段 500 断路器备用电源自动投入装置，恢复 C 站正常运行方式。

（5）调度人员令 B 站运维人员合上 110kV CB 线 121 断路器，检查带负荷运行后，拉开 110kV 分段 120 断路器，投入 110kV 分段 120 断路器备用电源自动投入装置，恢复 B 站正常运行方式。

📖 【任务评价】

任务完成后需认真填写任务评价表，变压器异常及事故处理任务评价表见表 4 - 30。

表 4 - 30　　　　　　　　　　　**变压器异常及事故处理任务评价表**

变压器事故处理任务评价表

姓名		学号					
序号	评分项目	评分内容及要求	评分标准	扣分	得分	备注
1	准备工作 （10 分）	（1）规范着装。 （2）工作环境检查到位	（1）未按照规定着装不满足扣 2 分。 （2）检查工作台是否整洁、准备工作是否充分、资料是否完整，不满足一项扣 2 分。 （3）以上扣分，扣完为止			
2	画面调阅 （10 分）	（1）能正确调阅各厂站主接线画面。 （2）能正确调阅事故设备间隔图	（1）无关厂站画面调阅一次扣 2 分。 （2）事故间隔图未调阅扣 5 分。 （3）以上扣分，扣完为止			
3	信息查看记录 （15 分）	（1）检查事故时间、音响记录。 （2）检查监控断路器变位检查记录。 （3）检查保护及自动装置报文。 （4）检查相关遥信、遥测数据记录	（1）遥测数据少检查一条扣 1 分。 （2）光字信号少检查一条扣 2 分。 （3）监控断路器变位检查记录少检查一条扣 3 分。 （4）以上扣分，扣完为止			
4	事故分析判断 （15 分）	（1）清楚描述保护动作情况。 （2）清楚描述断路器跳闸情况。 （3）事故判断正确	（1）保护动作情况描述不清扣 3 分。 （2）断路器跳闸情况描述不清扣 3 分。 （3）事故判断错误扣 15 分。 （4）以上扣分，扣完为止			
5	事故处理操作 （50 分）	（1）遵循断路器位置检查。 （2）遵循隔离故障操作原则。 （3）对侧厂站隔离操作	（1）未检查断路器位置扣 5 分。 （2）隔离故障操作原则错误扣 10 分。 （3）少拉一把隔离开关扣 5 分。 （4）对侧厂站未隔离扣 10 分。 （5）能送电设备未送电扣 10 分。 （6）未验电扣 10 分。 （7）故障设备未转检修态扣 10 分。 （8）未挂检修标识牌扣 5 分。 （9）造成事故扩大扣 50 分			
6	总分 100 分					
开始时间：　　　时　　　分 结束时间：　　　时　　　分				实际时间： 　　　　时　　　分		
教师						

【任务扩展】

（1）导致变压器故障的原因分为哪几类？

（2）根据电网实际情况，针对某变电站的一台变压器故障跳闸后导致另一台主变压器过负荷，安排 DTS 实训。

任务三 母线事故处理

【任务目标】

能够掌握母线事故处理原则及母线事故处理方法。

【任务描述】

该任务主要完成母线事故后故障点的判断、查找、隔离，以及母线的恢复送电操作。

【知识准备】

一、母线停电对电网的影响

母线停电是指由于各种原因导致母线电压为零，而连接在该母线上正常运行的断路器全部或部分断开。

母线是电网中汇集、分配和交换电能的设备，一旦发生事故会对电网产生重大不利影响。母线事故会对电网造成以下影响：

（1）母线发生事故后，连接在母线上的所有断路器均断开，电网结构会发生重大变化，尤其是双母线同时发生事故时甚至直接造成电网解列运行，电网潮流发生大范围转移，电网结构较故障前薄弱，抵御再次发生事故的能力大幅度下降。

（2）母线发生事故后连接在母线上的负荷变压器、负荷线路停电，可能会直接造成用户停电。

（3）对于只有一台变压器中性点接地的变电站，当该变压器所在的母线发生事故时，该变电站将失去中性点运行。

二、母线事故停电后故障点的查找、隔离及送电

（1）当母线差动保护动作导致母线停电时，应检查母线本身及连接在该母线上母线差动保护范围内的所有间隔，发现故障点后应用隔离开关隔离故障。当故障母线无法送电而需将该母线上的元件倒至运行母线时，应先拉开该元件连接故障母线的隔离开关再合连接运行母线的隔离开关。

（2）当失灵保护动作导致母线停电时，应先将拒动断路器用隔离开关隔离后才能对母线恢复送电。

【任务实施】

一、母线故障的一般处置原则

（1）母线发生故障或失电压后，值班监控员、厂站运行值班人员及输变电设备运维人员

应立即报告值班调度员，同时将故障或失电压母线上的断路器全部断开。

（2）母线故障停电后，厂站运行值班人员及输变电设备运维人员应立即对停电母线进行外部检查，并将检查情况汇报值班调度员，调度员应按下述原则进行处置：

1）找到故障点并能迅速隔离的，在隔离故障后对停电母线恢复送电。

2）找到故障点但不能隔离的，将该母线转为检修。

3）经检查不能找到故障点，一般不得对停电母线试送。

4）对停电母线进行试送时，应优先采用外来电源。试送断路器必须完好，并有完备的继电保护。有条件者可对故障母线进行零起升压。

二、母线故障告警信息

母线发生事故后应及时查阅并记录实时信息窗中关于故障母线的各类信息（全部、事故、变位、SOE）及主要信息的发生时间等。从事故发生开始的时间，全面检查遥信信息，包括断路器位置、遥信量、遥测量等提取主要的信息进行分析、判断。

母线事故情况下监控系统首先发出如下告警信息：

（1）事故总信号。

（2）监控系统发出语音告警。

（3）事故情况下监控系统推出事故站主接线图。

（4）事故母线上发生跳闸的母联断路器、主变压器断路器、电源或出线断路器变位闪烁。

（5）监控系统发出告警事故窗信息，相关信息如图 4-13～图 4-23 所示。

（6）在母线发生事故后，值班员根据报警信息窗的提示，首先检查事故站一次接线图，查看断路器变位及遥测值变化情况，同时应检查相关站的一次接线图的运行工况。当发生某站一条母线上连接的断路器全部跳闸时，重点关注母线差动保护动作情况及其伴生的相关信息，从而尽快得出初步判断。通过断路器掉闸情况判断事故范围。

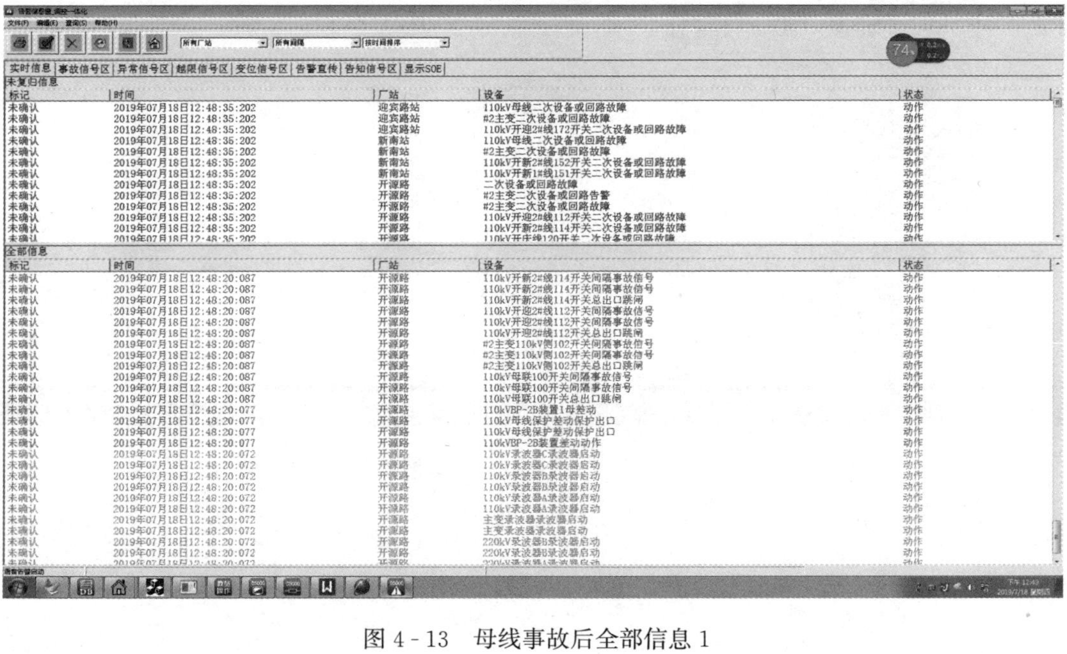

图 4-13　母线事故后全部信息 1

图 4 - 14　母线事故后全部信息 2

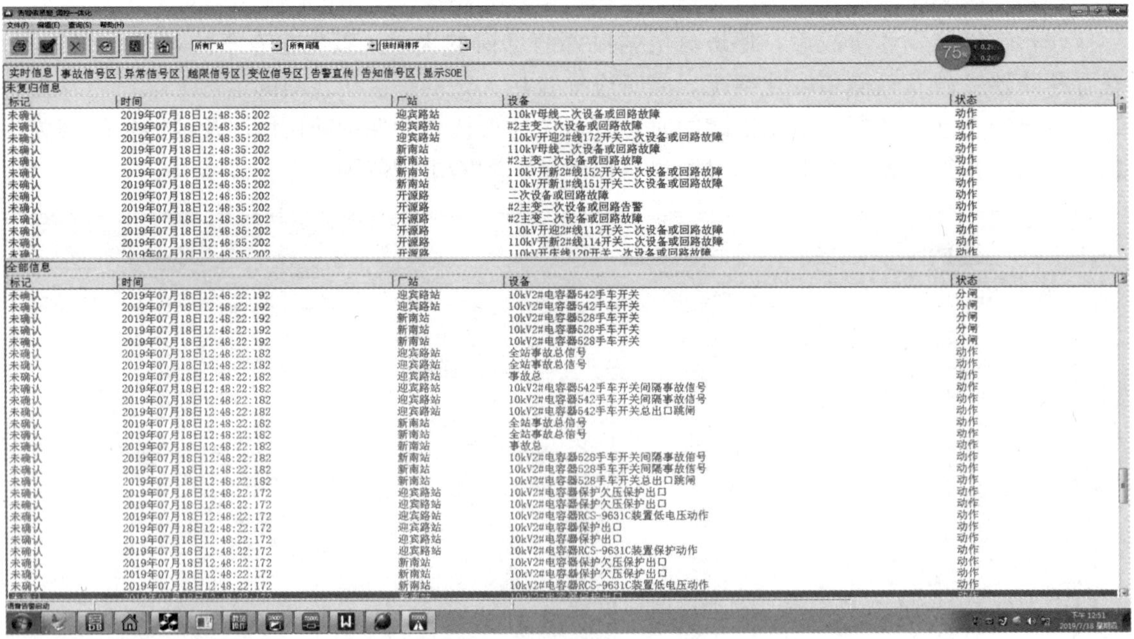

图 4 - 15　母线事故后全部信息 3

图 4-16 母线事故后全部信息 4

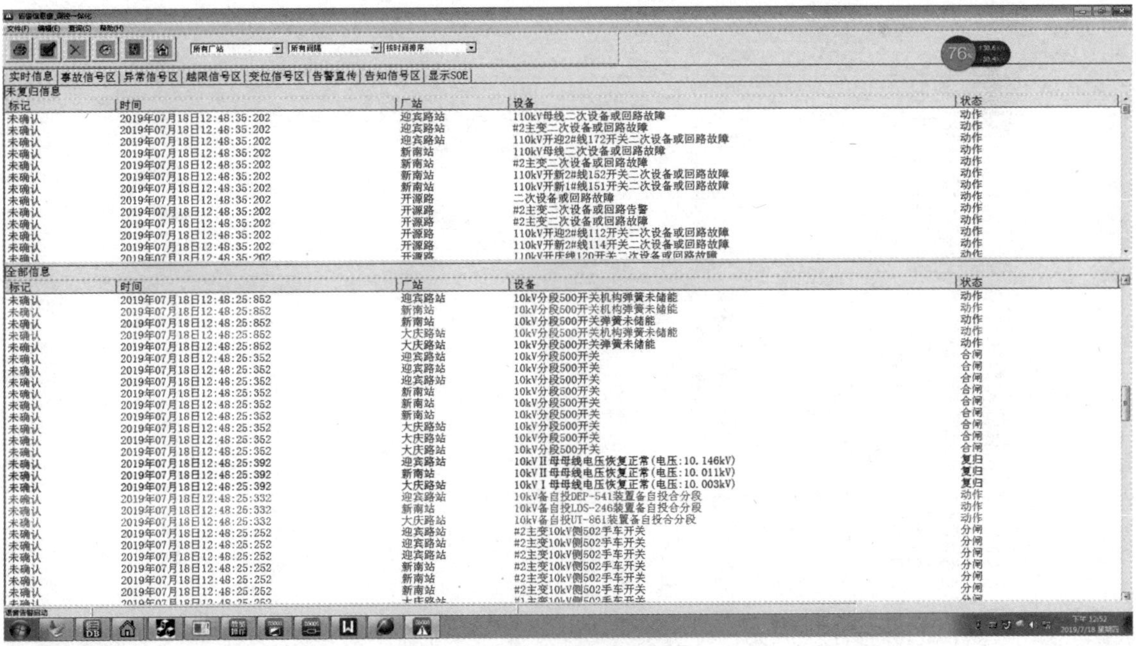

图 4-17 母线事故后全部信息 5

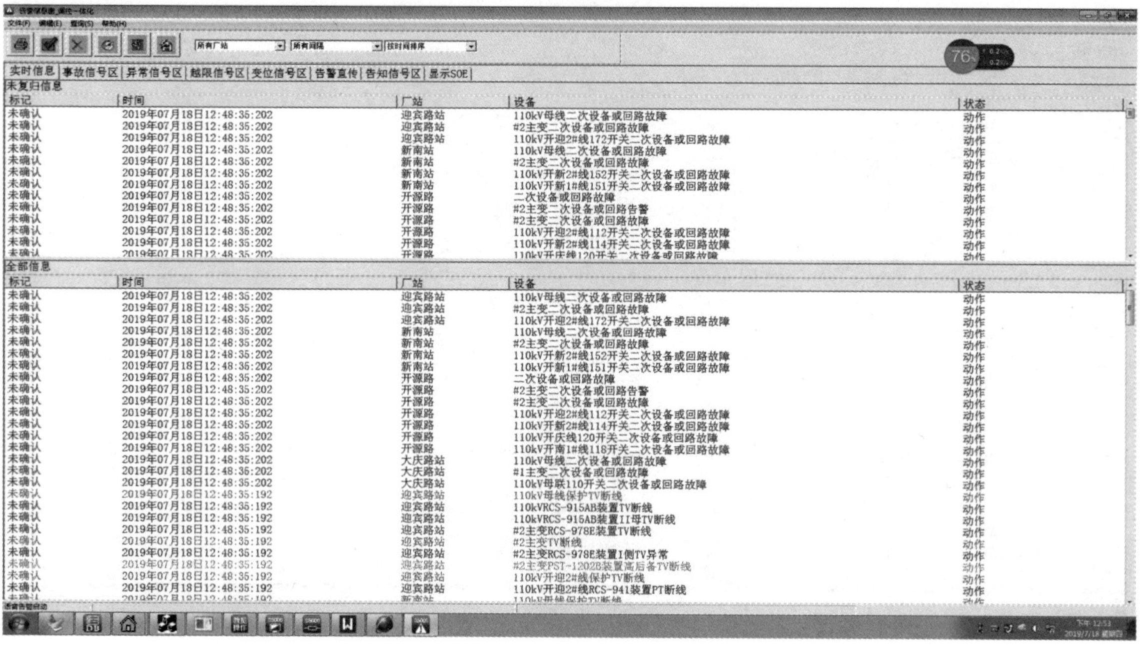

图 4-18　母线事故后全部信息 6

图 4-19　母线事故后事故信息

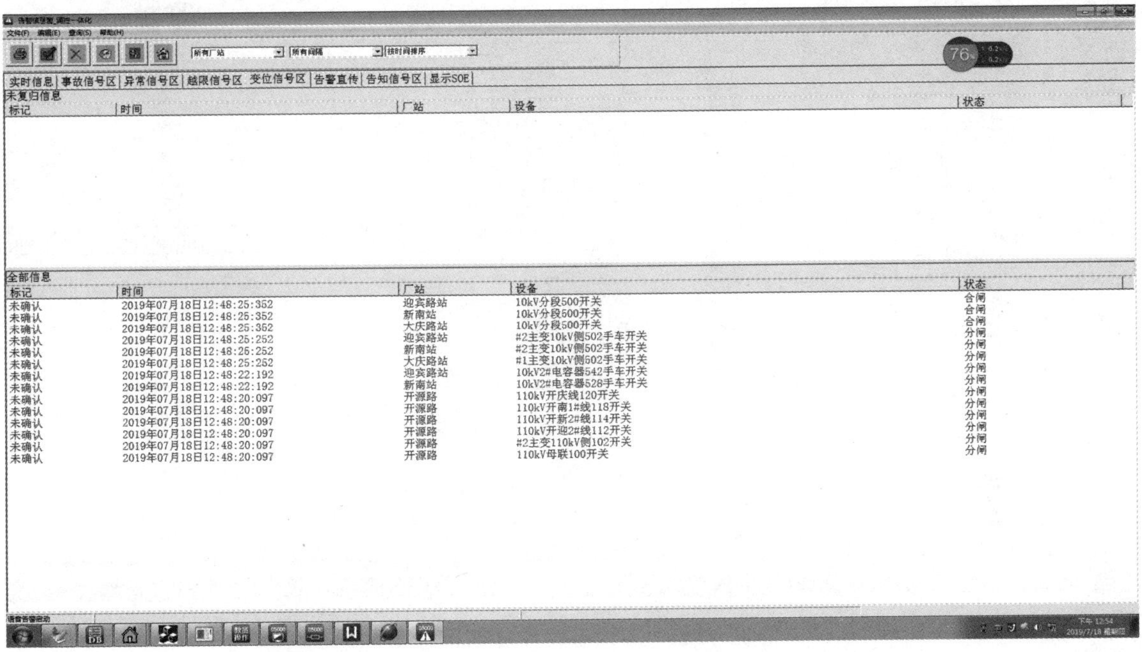

图 4-20　母线事故后变位信息

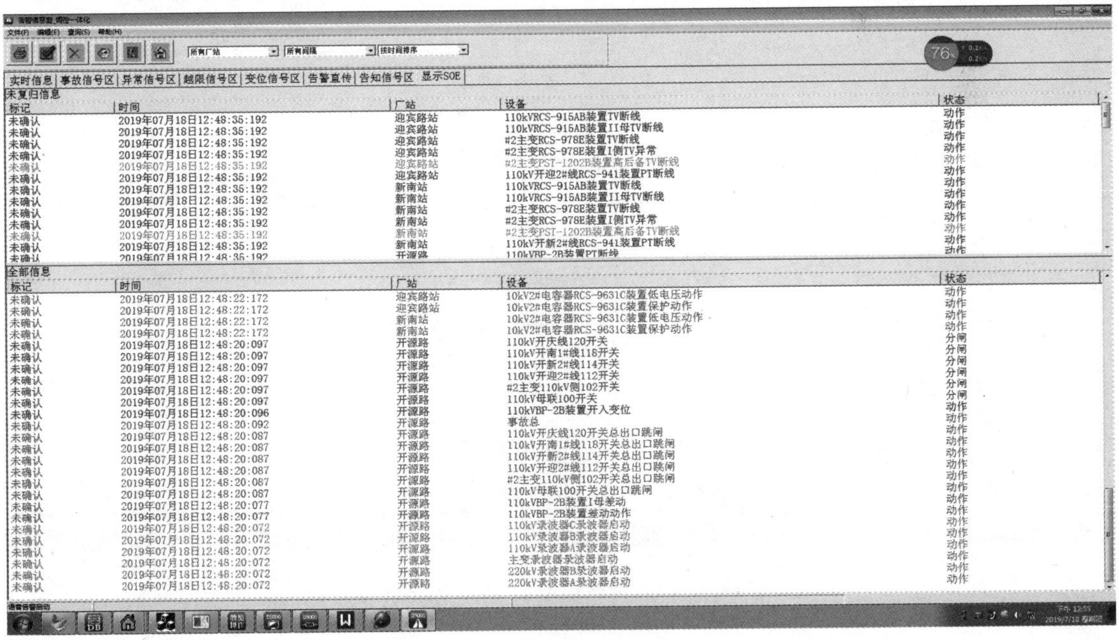

图 4-21　母线事故后 SOE 信息 1

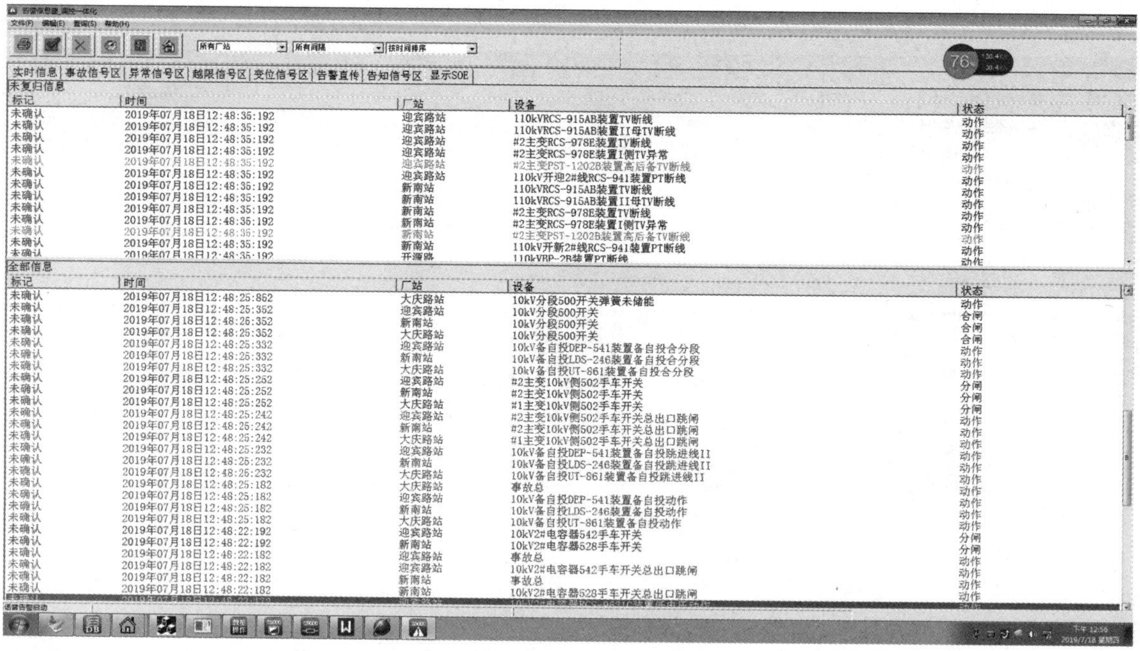

图 4-22 母线事故后 SOE 信息 2

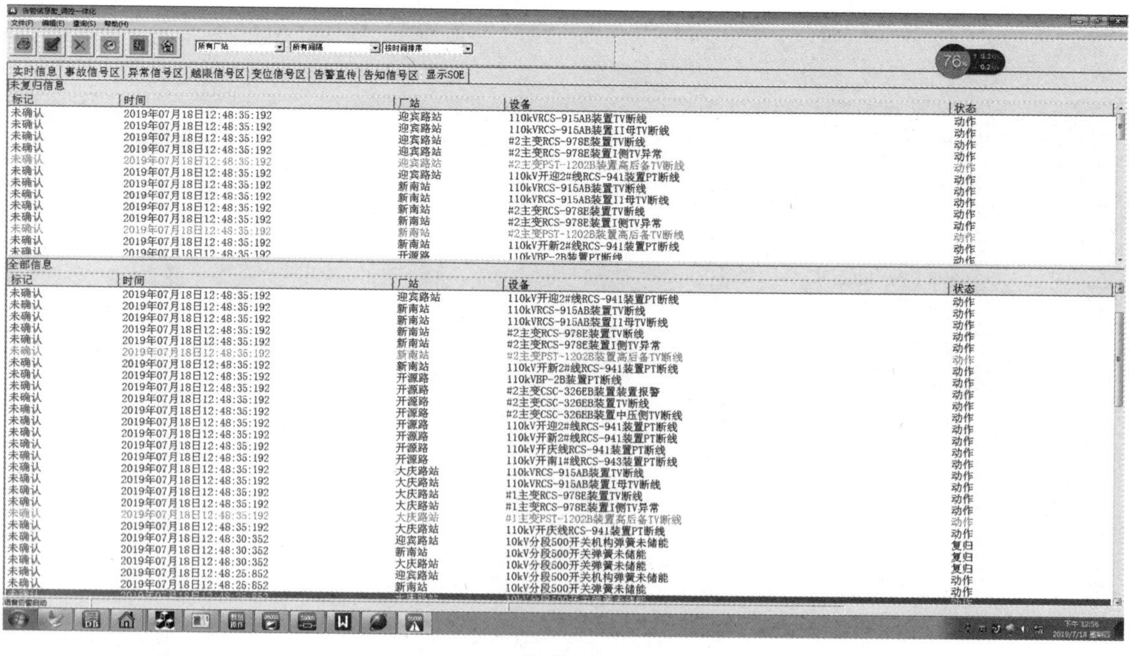

图 4-23 母线事故后 SOE 信息 3

三、案例学习（该案例操作均参考附录的电网主接线图）

（一）案例概述

A 站 110kV 南母故障失电压的事故处理（110kV 南母母线故障，母线差动保护动作后，南母失电压）。此事故发生后，告警事项将会收到相关信息，现按信息类型分项列表。

1. 断路器事项

母线差动保护动作跳闸的断路器事项、无功补偿装置切除的断路器事项见表 4 - 31、表 4 - 32。

表 4 - 31　　　　　　　　　**母线差动保护动作跳闸的断路器事项**

序号	电压等级	保护信息名称	状态
1	110kV	110kV 母联 100 断路器	分闸
2	110kV	1 号主变压器 101 断路器	分闸
3	110kV	110kV AB 线 111 断路器	分闸
4	110kV	110kV AD 线 113 断路器	分闸

表 4 - 32　　　　　　　　　**无功补偿装置切除的断路器事项**

序号	电压等级	断路器名称	状态
1	35kV	35kV 1 号电容器 311 断路器	分闸

2. 保护事项（包括 SOE 事项）

110kV 母线差动保护信息、电容器保护信息、其他相关保护信息见表 4 - 33～表 4 - 35。

表 4 - 33　　　　　　　　　**110kV 母线差动保护信息**

序号	保护信息名称	状态
1	110kV 母线差动保护启动出口	动作
2	110kV 母线南母线差动保护出口	动作

表 4 - 34　　　　　　　　　**电容器保护信息**

序号	保护信息名称	状态
1	35kV 1 号电容器 311 断路器低电压动作	动作

表 4 - 35　　　　　　　　　**其他相关保护信息**

序号	保护信息名称	状态
1	1 号主变压器第一套保护装置告警	动作
2	1 号主变压器第一套保护装置 TV 断线	动作
3	1 号主变压器第一套保护装置 TA 断线	动作
4	1 号主变压器第二套保护装置告警	动作
5	1 号主变压器第二套保护装置 TV 断线	动作
6	1 号主变压器第二套保护装置 TA 断线	动作
7	110kV AB 线 111 断路器保护装置告警	动作
8	110kV AB 线 111 断路器保护装置 TA 断线	动作
9	110kV AB 线 111 断路器保护装置 TV 断线	动作
10	110kV AD 线 113 断路器保护装置告警	动作
11	110kV AD 线 113 断路器保护装置 TA 断线	动作
12	110kV AD 线 113 断路器保护装置 TV 断线	动作
13	35kV1 号电容器 311 断路器保护装置告警	动作

3. 测控及公用事项（包括 SOE 事项）

测控及公用事项见表 4 - 36。

表 4 - 36　测控及公用事项

序号	信息名称	状态
1	全站事故总	动作
2	110kV 故障录波装置启动	动作
3	主变压器故障录波装置启动	动作

4. 相关 B 站告警事项信息

相关 B 站告警事项信息见表 4 - 37。

表 4 - 37　相关 B 站告警事项信息

序号	信息名称	状态
1	110kV 备用电源自动投入装置动作	动作
2	110kV 备用电源自动投入装置跳 110kV AB 线 122 断路器	动作
3	110kV 备用电源自动投入装置合 110kV 分段 120 断路器	动作
4	110kV AB 线 122 断路器	分闸
5	110kV 分段 120 断路器	合闸

（二）分析判断

依据告警信息判断为 A 站 110kV 南母母线差动保护范围内故障，造成 110kV 母线差动保护动作，110kV 南母失电压。B 站 110kV 备用电源自动投入装置动作跳开 110kV AB 线 122 断路器，合上 110kV 分段 120 断路器，B 站未损失负荷，35kV 光伏线所带光伏电站故障解网。

（三）事故处理

（1）记录时间及告警信息，确认 A 站 1 号主变压器 101 断路器、110kV AB 线 111 断路器、110kV AD 线 113 断路器、110kV 100 母联断路器、35kV 1 号电容器 311 断路器、B 站 110kV AB 线 112 断路器、110kV 分段 120 断路器监控机位置。

（2）检查 A 站 110kV 母线差动保护及 B 站 110kV 备用电源自动投入装置动作情况，检查系统内各级电压情况及潮流变化情况；检查电压是否合格，以及线路、主变压器是否过负荷。

（3）合上 2 号主变压器 110kV 侧中性点接地开关，退出 B 站 110kV 备用电源自动投入装置。

（4）检查 A 站 110kV 南母母线差动保护范围内的所有设备。

（5）如检查发现故障点在 A 站 110kV 南母母线上，110kV 南母暂时无法恢复运行，进行以下操作：

1）拉开 A 站 100 - 南隔离开关、100 - 北隔离开关、101 - 南隔离开关、111 - 南隔离开关、113 - 南隔离开关、南母电压互感器一次隔离开关，合上 101 - 北隔离开关、111 - 北隔离开关、113 - 北隔离开关。

2）合上 A 站 1 号主变压器 101 断路器、110kV AB 线 111 断路器、110kV AD 线 113 断

路器，110kV 北母恢复运行状态，合上 35kV 1 号电容器 311 断路器。

3）拉开 2 号主变压器 110kV 侧中性点接地开关。

4）将 A 站 110kV 南母母线转检修。

5）合上 B 站 110kV AB 线 122 断路器，拉开 110kV 分段 120 断路器，投入 110kV 备用电源自动投入装置，恢复 B 站正常运行方式。

6）A 站 110kV 南母母线故障处理完毕，110kV 南母具备送电条件后，按照 110kV 南母正常送电进行操作，恢复 110kV 双母并列运行。

（6）如检查发现故障点在 A 站 110kV 南母母线上，故障已消除，不影响 110kV 南母恢复运行，进行以下操作：

1）投入 A 站 110kV 100 母联断路器充电保护，合上 110kV 100 母联断路器，给 110kV 南母充电，充电正常后，退出 110kV 100 母联断路器充电保护。

2）合上 A 站 1 号主变压器 101 断路器、110kV AB 线 111 断路器、110kV AD 线 113 断路器，恢复 110kV 双母并列运行，合上 35kV 1 号电容器 311 断路器。

3）拉开 2 号主变压器 110kV 侧中性点接地开关。

4）合上 B 站 110kV AB 线 122 断路器，拉开 110kV 分段 120 断路器，投入 110kV 备用电源自动投入装置，恢复 B 站正常运行方式。

📖【任务评价】 ◎

任务完成后需认真填写任务评价表，母线事故处理任务评价表见表 4-38。

表 4-38　　　　　　　　　　　　**母线事故处理任务评价表**

母线事故处理

姓名		学号					
序号	评分项目	评分内容及要求	评分标准	扣分	得分	备注
1	预备工作 （10分）	（1）规范着装。 （2）工作环境检查到位	（1）未按照规定着装每处扣 1 分。 （2）未检查工作台整洁扣 2 分。 （3）未做好准备工作扣 2 分。 （4）资料准备不齐全扣 2 分。 （5）以上扣分，扣完为止			
2	画面调阅 （10分）	（1）能正确调阅各厂站主接线画面。 （2）能正确调阅事故设备间隔图	（1）无关厂站画面调阅一次扣 2 分。 （2）事故间隔图未调阅扣 5 分。 （3）以上扣分，扣完为止			
3	信息查看 （20分）	（1）检查事故时间、音响记录。 （2）检查监控断路器变位检查记录。 （3）检查保护及自动装置报文。 （4）检查相关遥信、遥测数据记录	（1）遥测数据少检查一条扣 2 分。 （2）光字信号少检查一条扣 3 分。 （3）监控断路器变位检查记录少检查一条扣 10 分。 （4）以上扣分，扣完为止			

续表

序号	评分项目	评分内容及要求	评分标准	扣分	得分	备注
4	分析判断 （20分）	（1）清楚描述保护动作情况。 （2）清楚描述断路器跳闸情况。 （3）事故判断正确	（1）保护动作情况描述不清扣3分。 （2）断路器跳闸情况描述不清扣3分。 （3）事故判断错误扣20分。 （4）以上扣分，扣完为止			
5	事故处理 （40分）	（1）断路器位置检查。 （2）遵循隔离故障操作原则。 （3）对侧厂站隔离操作	（1）未检查断路器位置扣5分。 （2）隔离故障操作原则错误扣10分。 （3）少拉一处隔离开关扣5分。 （4）对侧厂站未隔离扣10分。 （5）能送电设备未送电扣10分。 （6）操作顺序不规范扣10分。 （7）故障设备未转检修扣10分。 （8）未挂检修标识牌扣5分。 （9）造成事故扩大扣40分。 （10）以上扣分，扣完为止			
6	总分100分					
开始时间：　时　分 结束时间：　时　分				实际时间： 　时　分		
	教师					

【任务扩展】

（一）事故概述

B站 35kV Ⅱ 母故障失电压的事故处理（35kV 出线 6 线 316 断路器至 316-3 隔离开关间故障，2 号主变压器中压侧后备保护动作，2 号主变压器 302 断路器因 SF_6 压力闭锁断路器拒动，2 号主变压器及 35kV Ⅱ 母失电压）。此事故发生后，告警事项将会收到如下相关信息，现按信息类型分项列表。

1. 断路器事项

2 号主变压器中压侧后备保护切除的断路器、备用电源自动投入装置动作投入的断路器见表 4-39、表 4-40。

表 4-39　　　　　2 号主变压器中压侧后备保护切除的断路器

序号	电压等级	信息名称	状态
1	110kV	2 号主变压器 102 断路器	分闸
2	10kV	2 号主变压器 802 断路器	分闸

表 4 - 40　　　　　　　　　　**备用电源自动投入装置动作投入的断路器**

序号	电压等级	信息名称	状态
1	10kV	10kV 分段 800 断路器	合闸

2. 保护事项（包括 SOE 事项）

2 号主变压器中压侧后备保护、备用电源自动投入装置保护、相关失电压保护见表 4 - 41～表 4 - 43

表 4 - 41　　　　　　　　　　**2 号主变压器中压侧后备保护**

序号	信息名称	状态
1	2 号主变压器保护启动	动作
2	2 号主变压器中压侧后备保护出口	动作

表 4 - 42　　　　　　　　　　**备用电源自动投入装置保护**

序号	信息名称	状态
1	10kV 备用电源自动投入装置动作	动作

表 4 - 43　　　　　　　　　　**相关失电压保护**

序号	信息名称	状态
1	2 号主变压器第一套保护装置告警	动作
2	2 号主变压器第一套保护装置 TV 断线	动作
3	2 号主变压器第一套保护装置 TA 断线	动作
4	2 号主变压器第二套保护装置告警	动作
5	2 号主变压器第二套保护装置 TV 断线	动作
6	2 号主变压器第二套保护装置 TA 断线	动作
7	35kV 出线 6 线 316 断路器保护装置告警	动作
8	35kV 出线 6 线 316 断路器保护装置 TA 断线	动作
9	35kV 出线 6 线 316 断路器保护装置 TV 断线	动作
10	35kV 出线 4 线 314 断路器保护装置告警	动作
11	35kV 出线 4 线 314 断路器保护装置 TA 断线	动作
12	35kV 出线 4 线 314 断路器保护装置 TV 断线	动作
13	35kV 光伏线 312 断路器保护装置告警	动作
14	35kV 光伏线 312 断路器保护装置 TA 断线	动作
15	35kV 光伏线 312 断路器保护装置 TV 断线	动作

3. 测控及公用事项（包括 SOE 事项）

测控及公用事项见表 4 - 44。

表 4 - 44　　　　　　　　　　　　测控及公用事项

序号	信息名称	状态
1	全站事故总	动作
2	主变压器故障录波装置启动	动作
3	2号主变压器302断路器SF$_6$压力降低闭锁	动作
4	2号主变压器302断路器控制回路断线	动作

（二）分析判断

依据告警信息判断为B站2号主变压器中压侧后备保护范围内故障，2号主变压器中压侧后备保护动作，因2号主变压器302断路器SF$_6$压力降低闭锁分合闸，造成2号主变压器高压、低压侧断路器跳开，2号主变压器失电压。110kV B站10kV备用电源自动投入装置动作，合上10kV分段800断路器，10kV未损失负荷，35kV Ⅱ母失电压，35kV光伏线所带光伏电站故障解网。

（三）事故处理

（1）记录时间及告警信息，确认B站2号主变压器102断路器、2号主变压器802断路器、10kV分段800断路器监控机位置。

（2）检查B站2号主变压器保护及10kV备用电源自动投入装置动作情况；检查系统内各级电压情况及潮流变化情况；检查电压是否合格，以及线路、主变压器是否过负荷。

（3）检查B站35kV Ⅱ母确已失电压，拉开35kV出线6线316断路器、35kV出线4线314断路器、35kV光伏线312断路器，退出10kV备用电源自动投入装置。

（4）检查B站2号主变压器中压侧后备保护范围内的所有设备。

（5）检查发现故障点在35kV出线6线316断路器至316-3隔离开关间，进行以下操作：

1）拉开B站35kV出线316-1、316-3隔离开关，隔离故障点。

2）拉开B站2号主变压器302-1、302-3隔离开关，隔离2号主变压器302断路器。

3）退出B站35kV备用电源自动投入装置，投入35kV分段300断路器充电保护，合上35kV分段300断路器，给35kV Ⅱ母充电，充电正常后，退出35kV分段300断路器充电保护，合上35kV出线4线314断路器、35kV光伏线312断路器。

4）合上B站2号主变压器102断路器给2号主变压器充电，充电正常后，投入110kV BC线121断路器保护，退出110kV备用电源自动投入装置，合上110kV分段120断路器，合上2号主变压器802断路器，拉开10kV分段800断路器，投入10kV备用电源自动投入装置，拉开110kV分段120断路器，投入110kV备用电源自动投入装置，退出110kV AB线122断路器、110kV BC线121断路器保护。

5）拉开2号主变压器110kV侧中性点接地开关。

6）将B站2号主变压器302断路器及35kV出线6线316断路器转检修。

（6）待B站35kV Ⅱ母所带光伏电站并网后，合上1号主变压器110kV侧中性点接地开关，投入B站110kV BC线121断路器保护，投入C站110kV AC线131断路器保护。

（7）待B站2号主变压器302断路器拒动及35kV出线6线316断路器至316-3隔离开关间故障处理完毕，具备送电条件后，进行以下操作：

1）合上 35kV 出线 316 - 3、316 - 1 隔离开关，合上 35kV 出线 6 线 316 断路器，将 35kV 出线 6 线 316 断路器送电。

2）合上 2 号主变压器 110kV 侧中性点接地开关，投入 110kV AC 线 122 断路器保护。

3）退出 110kV 备用电源自动投入装置，合上 110kV 分段 120 断路器。

4）合上 2 号主变压器 302 断路器，拉开 35kV 分段 300 断路器，投入 35kV 备用电源自动投入装置。

5）拉开 110kV 分段 120 断路器，投入 110kV 备用电源自动投入装置。

6）退出 110kV BC 线 121 断路器保护，拉开 1 号主变压器 110kV 侧中性点接地开关，退出 C 站 110kV AC 线 131 断路器保护。

任务四　小电流接地系统电压异常时电压现象及分析判断处理

【任务目标】

能够掌握小电流接地系统电压异常的现象及处理方法。

【任务描述】

该任务主要是掌握小电流接地系统出现接地现象，电压互感器一次侧、二次侧断线，以及系统谐振时的处理方法。

【任务实施】

一、小电流接地系统

小电流接地系统是指中性点不接地或中性点经消弧线圈接地的系统。小电流接地系统发生单相接地故障时，不构成短路回路，接地电流不大，所以允许短时运行而不切除故障线路，从而提高供电可靠性。但这时其他两相对地电压升高至线电压，这种过电压对系统运行造成很大威胁，因此值班人员必须尽快寻找接地点，并及时隔离。

二、小电流接地系统常见电压异常现象

小电流接地系统的 10kV 母线出现接地现象时，容易误将电压互感器一、二次侧断线；铁磁谐振时，将出现的电压异常现象判断为接地故障。通过系统的讲解，可区别系统单相接地故障，谐振过电压，电压互感器一次侧、二次侧断线时不同的象征。不同故障类型区别见表 4 - 45。

表 4 - 45　　　　　　　　　　　　　不同故障类型区别

故障类型	电压变化情况	系统告警信息
单相接地故障	接地相电压降低，其他两相升高；金属性接地时接地相电压为 0，其他两相升高为线电压，开口三角有电压	监控机发接地信号
电压互感器一次侧断线	断线相电压降低但不会为 0，其他两相不变，开口三角有电压	监控机发接地信号，TV 断线

故障类型	电压变化情况	系统告警信息
电压互感器二次侧断线	断线相电压为0，其他两相不变，开口三角无电压	监控机发TV断线，无接地信号
谐振	三相电压无规律变化，如一相降低两相升高或两相降低一相升高或三相同时升高	监控机发接地信号

（一）接地故障

接地故障一般分为金属性接地故障及非金属性接地故障。单相金属性接地故障时，相电压特征是一相电压接近为零，其他两相电压升高至线电压，其中电压接近为零的是接地相。非金属性接地故障时，相电压的特征是一相（或两相）电压低，但不为零；另两相（或一相）电压高，近似线电压。单相金属性接地故障时告警窗信息如图4-24所示。

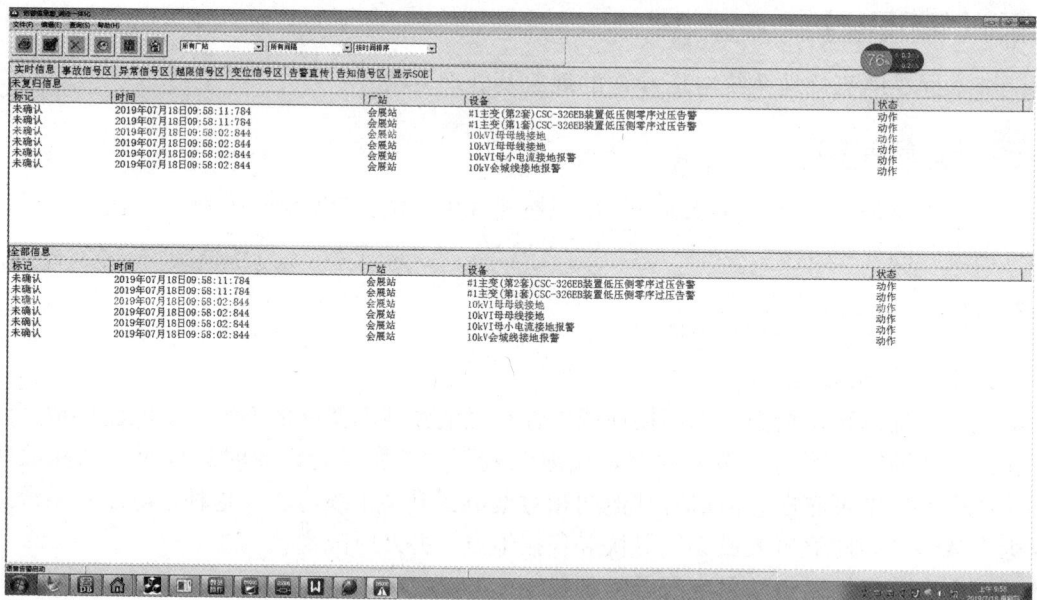

图4-24 单相金属性接地故障时告警窗信息

（二）TV断线

TV断线是指电压互感器一、二次侧熔断器熔断、电压互感器回路接头松动断线、接触不良等现象。TV断线一般可以分为电压互感器一次侧断线和二次侧断线，无论是哪一侧断线，都将会使TV二次回路的电压异常。电压互感器一、二次侧断线时告警窗信息如图4-25、图4-26所示。

TV一次侧断线分为全部断线和不对称断线两种。全部断线时，二次侧电压全无，开口三角也无电压；不对称断线时，对应相的二次侧无相电压，不断线相二次电压不变，开口三角有电压，通常伴有接地信号。

TV二次侧断线时，TV开口三角无电压，断线相的相电压为零，无接地线号。开口三角是否有压是区分TV一、二次侧熔断器熔断最主要的判据。TV一次侧断线将导致二次侧感应电压降低（因另两相绕组会在铁芯产生磁通，故二次侧会感应到电压），而 TV 二次侧断线，绕组将从回路中切除，故该相电压为零，这也是区别 TV 一、二次侧熔断器熔断的一个判据。

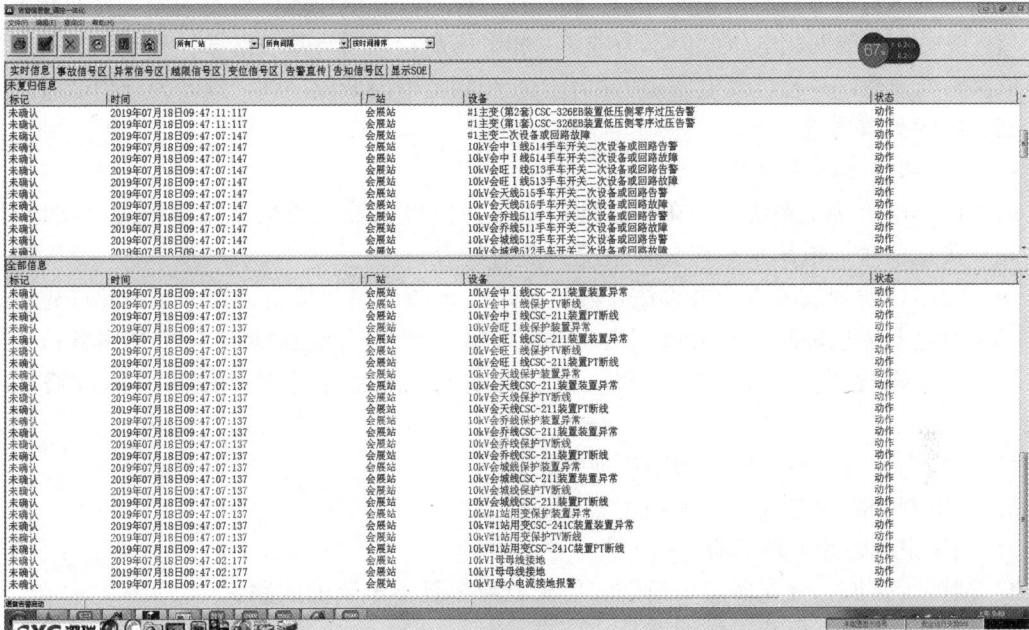

图 4 - 25　电压互感器一次侧断线时告警窗信息

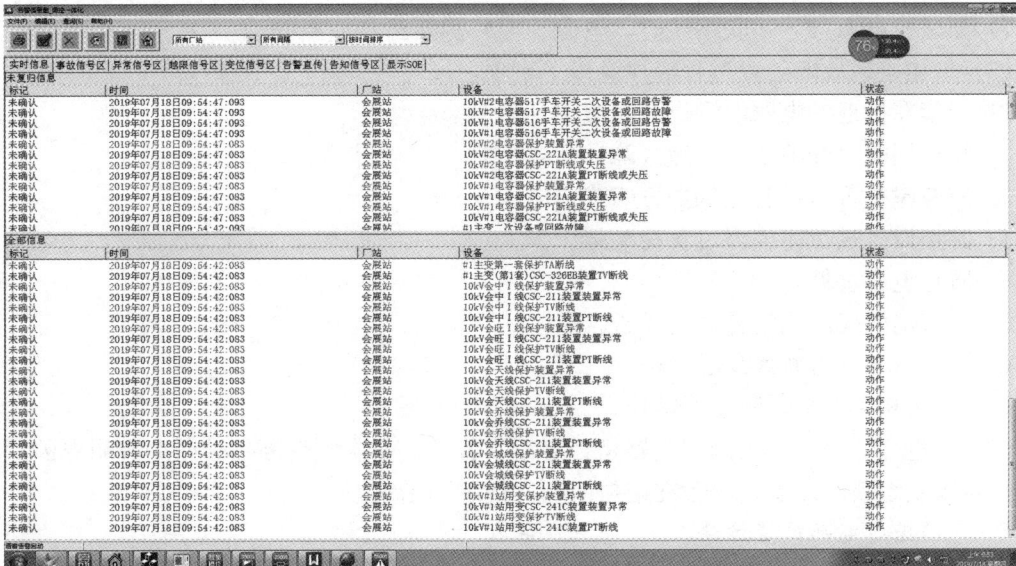

图 4 - 26　电压互感器二次侧断线时告警窗信息

（三）谐振

谐振分为基波谐振、分频谐振、高频谐振，在小电流接地系统中，发生谐振过电压时会报"接地信号"，电压指示出现异常。

发生谐振时的现象主要有以下情况：①基波谐振，特征类似于单相接地，即一相电压降低，另两相电压升高；②分频谐振或高频谐振，特征是三相电压同时升高。

根据相电压特征可判断谐振的类别。相电压特征是一相电压低，但不为零，另两相电压升高，超过线电压；或两相电压低但不为零，一相电压高，判断为基波谐振。相电压特征是三相电压依次轮流升高，并超过线电压，三相电压在相同范围内低频摆动，判断为分频谐振。

三、故障处置方法

（一）单相接地故障处置方法

（1）当小电流接地系统发生单相接地故障时，值班调控员应根据接地情况（接地母线、接地相、接地信号、电压水平等异常情况）及时处置。

（2）应尽快找到故障点，并设法排除、隔离。永久性单相接地运行一般不允许超过 2h。

（3）断路器因故障跳闸重合或试送后，随即出现单相接地故障时，应立即将其拉开。

（4）调度机构根据以下原则编制所辖变电站母线发生单相接地故障时的线路试拉序位表：

1）可根据接地选线装置来确定接地线路。

2）将电网分割为电气上互不相连的几部分。

3）试拉空载线路和电容器。

4）试拉线路长、分支多、负荷轻、历史故障多且不重要的线路。

5）试拉分支少、负荷重的线路。

6）试拉重要用户线路。在紧急情况下，重要用户来不及通知，可先试拉线路，事后通知相关单位。

7）如试拉电源（厂）联络线时，电源（厂）侧断路器应断开。

（5）单相接地故障处置过程应注意以下事项：

1）严禁在接地的电网中操作消弧线圈。

2）禁止用隔离开关断开接地故障。

3）应考虑是否需要变更保护方式或定值。

4）防止设备过负荷或因过负荷跳闸。

5）防止电压过低。

6）检查消弧线圈网络补偿度是否合适。

（二）电压互感器断线处置方法

（1）退出相关保护，防止误动作。

（2）检查 TV 一、二次侧熔断器是否熔断，若一、二次侧熔断器熔断应查明原因，立即更换。若频繁熔断应注意是否存在谐振问题，加装消谐装置。

（三）谐振过电压处置方法

（1）当向接有电磁式电压互感器的空载母线或线路充电，产生铁磁谐振过电压，可按下述措施处置：

1）切断充电断路器，改变操作方式。

2）投入母线上的线路。

3）投入母线分段断路器。

4）投入母线上的备用变压器。

5）对空母线充电前，可在母线电压互感器二次侧开口三角处接电阻。

（2）由于操作或故障引起电网发生工频谐振过电压，按下述原则处置：

1）手动或自动投入专用消谐装置。

2）恢复原系统。

3）投入或切除空载线路。

4）改变运行方式。

5）必要时可拉停线路。

四、案例学习

（一）C 站 10kV CD 线路上发生 A 相接地故障

（1）C 站 10kV Ⅱ段母线单相接地发信，报出 10kV Ⅱ段母线电压异常、2 号主变压器保护装置低压侧零序过电压告警动作、10kV Ⅱ段母线接地动作等信号。

（2）记录母线三相电压数值，观察电压变化情况。

（3）根据母线电压异常、发出接地信号等情况，分析判断出 C 站 10kV Ⅱ段母线单相接地。

（4）根据天气状况、接地象征、小电流接地选线装置及仿真系统上传的事项信息，按照拉接地原则进行试拉。试拉步骤如下：

1）拉开 C 站 2 号电容器 512 断路器。

2）拉开 C 站 516 断路器（负荷 6 线为空充线路）。

3）合上 C 站 516 断路器。

4）拉开 C 站 514 断路器（负荷 4 线为长线路、低负荷且线路状况差）。

5）合上 C 站 514 断路器。

6）合上 D 开关站 5D05 断路器合环，B 站 10kV Ⅰ段母线单相接地发信；合环前检查两侧电压及负荷情况。

7）拉开 D 开关站 5D01 断路器解环，B 站 10kV Ⅰ段母线单相接地信号复归。

8）拉开 C 站 518 断路器，C 站 10kV Ⅱ段母线单相接地信号复归，C 站 10kV Ⅱ段母线三相电压恢复正常。

9）通知相关运维单位后续处理。

（二）C 站 10kV Ⅰ段母线电压互感器 C 相高压熔丝熔断

（1）C 站 10kV Ⅰ段母线单相接地发信，报出 10kV Ⅰ段母线电压异常、10kV Ⅰ段母线上各间隔手车二次设备或回路告警动作、10kV Ⅰ段母线上各间隔手车二次设备或回路故障动作。

（2）10kV Ⅰ段母线上各间隔保护装置异常动作、10kV Ⅰ段母线上各间隔保护装置 TV 断线动作、10kV Ⅰ段母线接地动作等信号。

（3）记录母线三相电压数值，观察电压变化情况。

（4）根据母线电压异常、发出接地信号等情况，分析判断出 C 站 10kV Ⅰ段母线电压互感器 C 相高压熔丝熔断。

（5）通知运维人员到 C 站检查处理，运维人员到 C 站检查处理步骤如下：

1）C 站退出 10kV 备用电源自动投入装置。

2）合上 C 站 10kV 分段 500 断路器并列，完成电压并列操作。

3）C站 10kV Ⅰ段母线电压互感器由运行转检修。

4）C站许可运维人员检查更换 10kV Ⅰ段母线电压互感器高压熔丝。

5）运维人员汇报 C站 10kV Ⅰ段母线电压互感器高压熔丝检查更换完毕后，恢复正常运行方式。

（三）C站 10kV Ⅱ段母线电压互感器 A 相低压熔丝熔断

（1）C站 10kV Ⅱ段母线电压异常，报出 10kV Ⅱ段母线电压异常、10kV Ⅱ段母线上各间隔保护装置异常动作、10kV Ⅱ段母线上各间隔保护装置 TV 断线动作等信号。

（2）记录母线三相电压数值，观察电压变化情况。

（3）根据母线电压异常、发出接地信号等情况，分析判断出 C站 10kV Ⅱ段母线电压互感器 A 相低压熔丝熔断。

（4）通知运维人员到检查更换 C站 10kV Ⅱ段母线电压互感器低压熔丝。

（四）C站 10kV Ⅱ段母线 518 断路器进行联络操作时出现谐振

（1）C站 10kV Ⅱ段母线电压异常，A 相电压升高，B、C 两相电压降低，C站 10kV Ⅱ段母线单相接地发信。

（2）先恢复原运行方式。

（3）通知运维人员到现场，消弧线圈停电，调整消弧线圈分接开关，然后重新投入，继续可进行倒方式操作。

（4）必要时可拉开负荷 6 线 516 断路器。

【任务评价】

任务完成后需认真填写任务评价表，小电流接地系统电压异常时电压现象及分析判断处理任务评价表见表 4 - 46。

表 4 - 46　　小电流接地系统电压异常时电压现象及分析判断处理任务评价表

小电流接地系统电压异常时电压现象及分析判断处理

姓名		学号					
序号	评分项目	评分内容及要求	评分标准	扣分	得分	备注
1	预备工作（10分）	（1）规范着装。（2）工作环境检查到位	（1）未按照规定着装扣2分。（2）检查工作台是否整洁、准备工作是否充分、资料是否完备，不满足每项扣2分。（3）其他不符合条件，酌情扣分。（4）以上扣分，扣完为止			
2	电压异常判断准确（15分）	（1）故障现象描述完整、准确。（2）判据收集充分。（3）判断正确	（1）故障现象描述完整、准确，每缺一项扣2分。（2）监控信息记录无漏项，每缺一项扣2分。（3）判断理由论述充分，每缺一条扣2分。（4）异常判断错误3～5项不得分。（5）以上扣分，扣完为止			

续表

序号	评分项目	评分内容及要求	评分标准	扣分	得分	备注
3	电压异常处置快速正确（30 分）	（1）异常处置过程规范得当。 （2）异常处置快速正确	（1）处置过程记录完整、思路清晰，记录每缺一条扣 2 分。 （2）处置通知联系相关部门班组规范，缺一处扣 2 分。 （3）快速正确处置，10min 内完成处置不扣分，每超时 1min 扣 1 分。 （4）处置造成事故扩大不得分（如带接地拉合闸）。 （5）严重违反安全工作规程不得分。 （6）以上扣分，扣完为止			
4	电压异常处理报告（20 分）	完整填写处理报告	（1）未填写处理报告，扣 10 分。 （2）未对处理结果进行判断，扣 5 分。 （3）处理报告填写不全，每处扣 1 分。 （4）以上扣分，扣完为止			
5	整理现场（10 分）	（1）恢复到初始状态。 （2）保持现场整洁	（1）未整理现场，扣 5 分。 （2）现场有遗漏，每处扣 1 分。 （3）离开现场前未检查，扣 2 分。 （4）其他情况，酌情扣分。 （5）以上扣分，扣完为止			
6	综合素质（15 分）	（1）着装整齐，精神饱满。 （2）现场组织有序，工作人员之间配合良好。 （3）独立完成相关工作。 （4）执行工作任务时，条理清晰，记录详细。 （5）不违反电力安全规定及相关规程				
7	总分 100 分					

开始时间：　　时　　分 结束时间：　　时　　分	实际时间： 　　　　时　　分
教师	

【任务扩展】

（1）小电流接地系统中，如接地在变电站母线上，应如何处理？

（2）小电流接地系统中，如发生同一段母线上两条出线同相接地，故障现象是什么？应如何处理？

（3）C 站 10kV Ⅱ段母线电压互感器高压熔丝熔断，如何判断处理？

（4）D 开关站 2 号线发生接地，如何判断处理？

（5）母线电压互感器低压熔丝熔断更换后又熔断如何处理？

情 境 五 　 新 设 备 启 动

情 境 描 述

该情境包含一项任务，为 110kV 变电站新设备启动送电操作技术原则及实训。核心知识点是 110kV 变电站各种新设备启动送电的操作步骤、基本原则和注意事项。关键技能项包括正确完成 110kV 变电站新设备启动工作。

情 境 目 标

通过该情境学习应该达到的知识目标是掌握新设备启动原则及启动过程中的相关规定、注意事项。应该达到的能力目标是能独立完成新设备启动方案编制。应该达到的素质目标是牢固树立新设备启动过程中的安全风险防范意识，严格按照调度相关规程规定进行操作处理。

任务　110kV 变电站新设备启动送电操作技术原则及实训

【任务目标】

掌握 110kV 变电站新设备启动原则及启动过程中的相关规定、注意事项。

【任务描述】

该任务完成 110kV 变电站新设备启动投运的实训操作。

【任务实施】

一、新设备启动前应具备条件

（1）新设备全部按照设计要求安装、调试完毕，且验收、质检工作已经结束（包括主设备、继电保护及安全自动装置、电力通信设施、调度自动化设备等），设备具备启动条件。

（2）110kV 及以上电压等级设备的参数实测工作结束，并经设备运行维护单位确认，于启动前 3 日报送有关调度机构。

（3）现场生产准备工作就绪（包括运行人员的培训、考试合格，现场图纸、规程、制度、设备编号标志、抄表日志、记录簿等均已齐全），具备启动条件。

（4）电力通信通道及自动化信息接入工作已经完成，调度通信、自动化设备及计量装置运行良好，通道畅通，实时信息满足调度、监控运行的需要。

（5）在新设备母线接引，基建工程竣工后，现场值班人员应认真检查现场设备状况并由检修状态转为冷备用状态，向值班调度员汇报新设备具备启动条件。一经汇报，该新设备即视为运行设备，未经值班调度员下达指令（或许可），不得进行任何操作和工作。若因特殊情况需要操作或工作时，经启动委员会同意后，由原运行维护单位向值班调度员汇报撤销具备启动条件。

（6）如果是用户企业，需与供电公司营销部门签订"供用电协议"，与调控中心签订"并网调度协议"。如果是发电企业，还需要签订"购售电合同"。

（7）新投产发电机组应具备的自动发电控制（AGC）、自动电压控制（AVC）等控制功能应在机组移交商业运行时同时投入使用。

二、新设备启动要求

（1）新设备启动应严格按照批准的调度启动方案执行，调度启动方案的内容包括预定启动时间、启动范围、启动前的准备工作、启动前运行方式的准备、启动步骤、有关继电保护要求、运行方式的恢复等。

（2）设备运行维护单位应保证新设备的相位与系统一致。有可能形成环路时，启动过程中必须核对相位；不可能形成环路时，启动过程中可以只核对相序。厂、站内设备相位的正确性由设备运行维护单位负责。

（3）运行维护单位向值班调度员汇报新设备具备启动条件后，该新设备即视为投运设备，未经值班调度员下达指令（或许可），不得进行任何操作和工作。若因特殊情况需要操作或工作时，经启动委员会同意后，由原运行维护单位向值班调度员汇报撤销具备启动条件，在工作结束以后重新汇报新设备具备启动条件。

（4）在新设备启动过程中，相关运行维护单位和调度部门应严格按照已批准的调度启动方案执行并做好事故预想。现场和其他部门不得擅自变更已批准的调度启动方案；如遇特殊情况需变更时，必须经编制调度启动方案的调控中心同意。

（5）在新设备启动过程中，保护应有足够的灵敏度，允许失去选择性，严禁无保护运行。

（6）输变电高压新设备启动过程中应进行全电压冲击试验。母线、隔离开关、TA、TV等新设备在启动时一般应进行全电压冲击一次。新断路器、新线路启动时应全电压冲击3次，每次间隔时间不少于3min。新变压器启动时应全电压冲击5次，第一次间隔时间不少于10min，以后每次间隔时间不少于5min。

（7）新机组的升压变压器在全电压冲击前应先进行零起升压等相关试验。

三、新设备启动前准备工作

（1）确认即将投运范围内的断路器、隔离开关、接地开关均在断开位置，拆除站内所有影响送电的安全措施。新建线路的安全措施应经基建主管部门确认所有线路工作终结、线路安全措施可以拆除后，由变电运维人员拆除并汇报调度。

（2）保护人员按照继电保护定值通知单，将母线保护、线路保护、断路器保护定值输入并核对保护定值正确。其中将线路保护定值按正常定值、短延时定值、试运定值分区输入。

（3）试运方案中涉及的新建不带电待投运断路器传动试验传动完毕，试验结果正确。

（4）新建不带电待投运的母线、断路器保护按启动方案中要求正确投入。

（5）运行人员认真学习启动方案，提前准备好全部操作票，如有问题及时向调控中心汇报。

四、新设备启动的主要原则

（一）新设备充电原则

新设备试运过程中应按照规程规定安排全电压冲击。全电压冲击是使新建设备从不带电压到带有额定电压的过程，在这样的一个过程中，电气设备的外界条件发生突然的变化，利用这个过程可以检验设备的某些性能是否满足运行的要求，主要是检验绝缘水平是否满足运行的要求。线路的初次充电主要是利用在空载情况下拉、合线路产生的较高的过电压，来检验新线路的绝缘水平。

（二）断路器启动原则

（1）有条件时应采用发电机零起升压。

（2）无零起升压条件时，用外来电源（无条件时可用本侧电源）对断路器冲击3次，冲击侧应有可靠的一级保护，新断路器非冲击侧与系统应有明显断开点，母线差动电流互感器或母线差动保护保护应做相应调整。

（3）对断路器相关保护及母线差动保护做带负荷测向量。

（4）新线路断路器需先启动时，可将该断路器的出线搭头拆开，使该断路器作为母联断路器或受电断路器带负荷，做保护带负荷测向量。

（5）断路器充电常用方式：

1）用外电源冲击新断路器，外电源冲击示意图如图5-1所示。

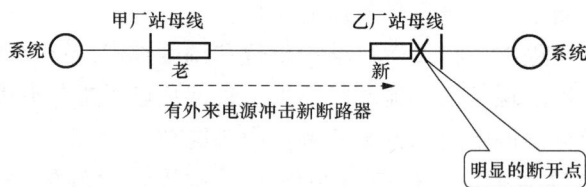

图5-1　外电源冲击示意图

2）用母联断路器冲击新断路器，母联断路器冲击示意图如图5-2所示。

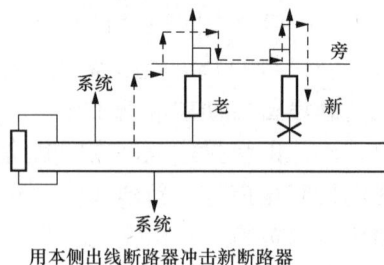

3）用本侧出线断路器冲击新断路器，本侧出线断路器冲击示意图如图5-3所示。

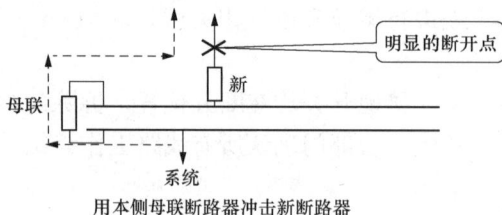

图5-2　母联断路器冲击示意图　　　　　图5-3　本侧出线断路器冲击示意图

（6）新断路器带负荷的几种常用方式。

1）新断路器与母联断路器串供带负荷测向量，新断路器与母联断路器串供示意图如图5-4所示。

2）利用系统环路中的环流做新断路器带负荷测向量，利用环流做新断路器带负荷示意图如图5-5所示。

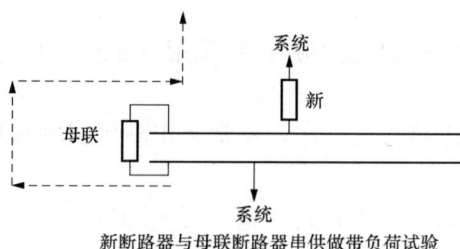

新断路器与母联断路器串供做带负荷试验

图 5-4　新断路器与母联断路器串供示意图

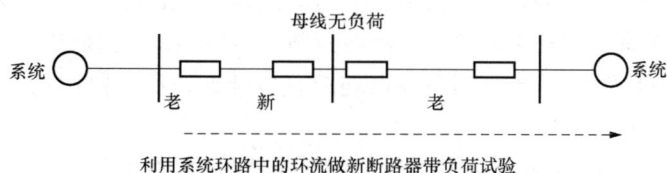

利用系统环路中的环流做新断路器带负荷试验

图 5-5　利用环流做新断路器带负荷示意图

3）新断路器作为受电侧断路器带负荷测向量，新断路器作为受电侧断路器做带负荷示意图如图 5-6 所示。

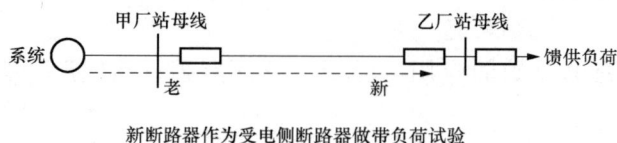

新断路器作为受电侧断路器做带负荷试验

图 5-6　新断路器作为受电侧断路器做带负荷示意图

（三）线路启动原则

（1）有条件时应采用发电机零起升压，正常后用老断路器对新线路冲击 3 次（利用操作过电压来考验线路绝缘水平、考验对线路与线路之间电动力的承受能力、考验断路器操作与线路末端过电压水平），冲击侧应有可靠的一级保护。

（2）无零起升压条件时，用老断路器对新线路冲击 3 次（老线路改造其长度小于原线路50％可只冲击 1 次），冲击侧应有可靠的两级保护。冲击时老断路器启用原有保护，且应保证对整个新线路有灵敏度，新断路器可启用尚未经带负荷试验的方向零序电流保护，并将方向元件短接，或新断路器启用已做过联动试验的线路过电流保护（属一级可靠保护）。母线差动保护、老断路器保护定值按继电保护规定调整。

（3）冲击正常后，线路必须做核相试验。如新线路两侧线路保护和母线差动保护回路有变动，则相关保护及母线差动保护保护均需做带负荷测向量。

（四）母线启动原则

（1）有条件时应采用发电机零起升压，正常后用外来或本侧电源对新母线冲击一次，冲击侧应有可靠的一级保护。

（2）无零起升压条件时，用外来电源（无条件时可用本侧电源）对母线冲击一次，冲击侧应有可靠的一级保护。

（3）冲击正常后，新母线电压互感器二次必须做核相试验，母线差动保护需做带负荷测向量。

(4) 母线扩建延长（不涉及其他设备），宜采用母联断路器充电保护对新母线进行冲击。

（五）变压器启动原则

(1) 有条件时应采用发电机零起升压，正常后用高压侧电源对新变压器冲击5次，冲击侧应有可靠的一级保护。

(2) 无零起升压条件时，用中压侧（指三绕组变压器）电源对新变压器冲击4次（500kV变压器），冲击侧应有可靠的两级保护。冲击正常后用高压侧电源对新变压器冲击一次，冲击侧应有可靠的一级保护。

(3) 因条件限制，必须用高压侧电源对新变压器直接冲击5次时（220kV及以下电压等级变压器），冲击侧电源宜选用外来电源，采用两只断路器串供，冲击侧应有可靠的两级保护。

(4) 冲击过程中，新变压器各侧中性点均应直接接地，所有保护均启用，方向元件短接退出。

(5) 冲击新变压器时，保护定值应考虑变压器励磁涌流的影响〔一般用时间躲开（≤0.3s），0.3s后励磁涌流衰减至2～3倍的峰值电流（极端情况下最大励磁涌流为5～6倍主变压器额定电流，0.3s后约为2～3倍主变压器额定电流）〕，并有足够的灵敏度。

(6) 冲击正常后，新变压器中低压侧必须核相，变压器保护（差动保护及后备保护）、母线差动保护需做带负荷测向量。

（六）新设备启动中常见的问题

(1) 母联断路器充电保护的应用：适用于新断路器、新线路、新母线、新主变压器启动。

(2) 保护投退涉及问题如下：

1) 母联断路器充电保护：在冲击新设备时投入，相关保护测向量正确可靠投入后退出。

2) 差动类保护：带负荷前退出，测向量正确后投入。

(3) 冲击时拉合断路器时间间隔满足以下条件：

1) 变压器：第一次带电不少于10min，其余间隔时间不少于5min。

2) 线路：间隔时间不少于3min。

3) 电容器：间隔时间不少于5min。

(4) 试运行：变压器试运行72h后，压力释放保护改投信号位置。

五、案例学习

按照要求设计110kV B变电站新设备启动方案。

（一）启动时间：××××年××月××日

（二）启动范围

110kV AB线线路及两侧断路器间隔，110kV BC线线路及两侧断路器间隔，110kV B变电站110kVⅠ、Ⅱ段母线及所属设备，1、2号主变压器及三侧断路器及所属设备，35kVⅠ、Ⅱ段母线及所属设备，10kVⅠ、Ⅱ段母线及所属设备。

（三）启动前准备工作

(1) 110kV AB线，BC线线路及两侧断路器间隔，110kV B变电站110、35、10kVⅠ、Ⅱ段母线及所属设备，1、2号主变压器及三侧断路器所属设备工作全部结束，所有设备传动（包括自动化遥测、遥控等）、试验和验收全部合格，具备启动条件，启动范围内所有设备的新设备投运申请票均已办理，有关安全措施已经全部拆除。

（2）110kV AB 线、BC 线线路及两侧断路器间隔，110kV B 变电站 110、35、10kV Ⅰ、Ⅱ段母线及所属设备，1、2 号主变压器及三侧断路器所属设备处于冷备用状态。

（3）送电范围内所有保护定值单已下达，现场调试结束。

（4）值班调度员提前与 220kV A 变电站、110kV B 变电站、110kV C 变电站现场运维人员核对设备名称、断路器编号、设备状态、保护定值全部正确无误，准备好相关设备送电的操作票。

（四）启动前运行方式准备

（1）220kV A 变电站将 110kV 南母出线倒北母运行，110kV 南母空母线，100 母联断路器热备用。

（2）220kV A 变电站投入 110kV 100 母联断路器的充电保护。

（3）110kV C 变电站退出 10kV 分段 500 断路器备用电源自动投入装置。

（4）110kV C 变电站合上 10kV 母线分段 500 断路器、拉开 2 号主变压器 502 断路器。

（5）110kV C 变电站合上 2 号主变压器 110kV 侧中性点隔离开关，拉开 110kV 母线分段 130 断路器、拉开 2 号主变压器 110kV 侧 132‐2 隔离开关。

（6）110kV C 变电站投入 110kV 分段 130 断路器的充电保护。

（五）启动步骤

1. 110kV AB 线及 110kV B 变电站 110kV Ⅱ段母线送电

（1）110kV A 变电站：

1）投入 110kV AB 线 111 断路器保护（重合闸不投）。

2）合上 110kV AB 线 111‐南、111‐1 隔离开关。

3）合上 110kV 100 母联断路器。

（2）110kV B 变电站：

1）合上 110kV Ⅱ段母线 TV‐2 隔离开关。

2）投入 110kV AB 线 122 断路器保护（重合闸不投）。

3）合上 110 kV AB 线 122‐3、122‐1 隔离开关。

（3）调控中心：遥控合上 220kV A 变电站 110kV AB 线 111 断路器，检查 111 断路器有关信息正确。

（4）220kV A 变电站：检查 110kV AB 线充电正常。

（5）调控中心：遥控拉开 220kV A 变电站 110kV AB 线 111 断路器，检查 111 断路器有关信息正确。

（6）220kV A 变电站：

1）合上 110kV AB 线 111 断路器。

2）拉、合 110kV AB 线 111 断路器 2 次，保留 111 断路器在合位。

（7）调控中心：遥控合上 110kV B 变电站 110kV AB 线 122 断路器，检查 122 断路器有关信息正确。

（8）110kV B 变电站：检查 110kV Ⅱ段母线充电正常。

（9）调控中心：遥控拉开 110kV B 变电站 110kV AB 线 122 断路器，检查 122 断路器有关信息正确。

（10）110kV B 变电站：

1）合上 110kV AB 线 122 断路器。

2）拉、合 110kV AB 线 122 断路器 2 次，保留 122 断路器在断位。

2. 110kV B 变电站 110kV 分段 120 断路器及 110kV Ⅰ 母送电

（1）110kV B 变电站：

1）合上 110kV Ⅰ 母 TV-1 隔离开关。

2）合上 110kV 分段 120-1、120-2 隔离开关。

3）合上 110kV AB 线 122 断路器。

（2）调控中心：遥控合上 110kV B 变电站 110kV 分段 120 断路器，检查 120 断路器有关信息正确。

（3）110kV B 变电站：检查 110kV Ⅰ 段母线充电正常。

（4）调控中心：遥控拉开 110kV B 变电站 110kV 分段 120 断路器，检查 120 断路器有关信息正确。

（5）110kV B 变电站：

1）合上 110kV 分段 120 断路器。

2）拉、合 110kV 分段 120 断路器 2 次，保留 120 断路器合位。

3）进行 110kV Ⅰ 母 TV、Ⅱ 母 TV 二次核相，检查相序一致。

4）拉开 110kV 分段 120 断路器。

5）拉开 110kV 分段 120-1 隔离开关。

3. 110kV CB 线送电及 110kV Ⅰ、Ⅱ 母 TV 二次核相

（1）110kV C 变电站：

1）投入 110kV CB 线 132 断路器保护（重合闸不投）。

2）合上 110kV CB 线 132-3、132-1 隔离开关。

（2）110kV B 变电站：

1）投入 110kV CB 线 121 断路器保护（重合闸不投）。

2）合上 110kV CB 线 121-3、121-1 隔离开关。

（3）调控中心：遥控合上 110kV C 变电站 110kV CB 线 132 断路器，检查 132 断路器有关信息正确。

（4）110kV C 变电站：检查 110kV CB 线充电正常。

（5）调控中心：遥控拉开 110kV C 变电站 110kV CB 线 132 断路器，检查 132 断路器有关信息正确。

（6）110kV C 变电站：

1）合上 110kV CB 线 132 断路器。

2）拉、合 110kV AB 线 132 断路器 2 次，保留 132 断路器在合位。

（7）调控中心：遥控合上 110kV B 变电站 110kV CB 线 121 断路器，检查 121 断路器有关信息正确。

（8）110kV B 变电站：检查 110kV Ⅰ 段母线充电正常。

（9）调控中心：遥控拉开 110kV B 变电站 110kV CB 线 121 断路器，检查 121 断路器有关信息正确。

（10）110kV B 变电站：

1）合上 110kV CB 线 121 断路器。

2）拉、合 110kV AB 线 121 断路器 2 次，保留 121 断路器在合位。

3）进行 110kV Ⅰ 母 TV、Ⅱ 母 TV 二次核相，检查相序一致。

4）合上 110kV 分段 120 - 1 隔离开关。

4. 110kV B 变电站 1 号主变压器送电

（1）110kV B 变电站：

1）调整 1 号主变压器 110kV 侧分接头，使其电压与当时实际电压一致。

2）检查 1 号主变压器有关保护已投入（压力释放保护投掉闸位置，充电正常后 72h 改投信号位置）。

3）合上 1 号主变压器 110kV 侧中性点 1010 隔离开关。

4）合上 1 号主变压器 101 - 3、101 - 1 隔离开关。

5）合上 35kV Ⅰ 母 TV - 1 隔离开关。

6）合上 1 号主变压器 301 - 3、301 - 1 隔离开关。

7）合上 10kV Ⅰ 母 TV - 1 隔离开关。

8）将 1 号主变压器 801 断路器手车推至运行位置。

（2）调控中心：遥控合上 110kV B 变电站 1 号主变压器 101 断路器，检查 101 断路器有关信息正确。

（3）110kV B 变电站：检查 1 号主变压器运行正常，注意记录 1 号主变压器励磁涌流。

（4）调控中心：10min 后遥控拉开 110kV B 变电站 1 号主变压器 101 断路器，检查 101 断路器有关信息正确。

（5）110kV B 变电站：拉、合 1 号主变压器 101 断路器 4 次对 1 号主变压器充电（注意每次间隔 5min），最后保留 1 号主变压器 101 断路器在合位。

5. 110kV B 变电站 2 号主变压器送电

（1）110kV B 变电站：

1）调整 2 号主变压器 110kV 侧分接头，使其电压与当时实际电压一致。

2）检查 2 号主变压器有关保护已投入（压力释放保护投掉闸位置，充电正常 72h 后改投信号位置）。

3）合上 2 号主变压器 110kV 侧中性点 1020 隔离开关。

4）合上 2 号主变压器 102 - 3、102 - 1 隔离开关。

5）合上 35kV Ⅱ 母 TV - 2 隔离开关。

6）合上 2 号主变压器 302 - 3、302 - 1 隔离开关。

7）合上 10kV Ⅱ 母 TV - 2 隔离开关。

8）将 2 号主变压器 802 断路器手车推至运行位置。

（2）调控中心：遥控台上 110kV B 变电站 2 号主变压器 102 断路器，检查 102 断路器有关信息正确。

（3）110kV B 变电站：检查 2 号主变压器运行正常，注意记录 2 号主变压器励磁涌流。

（4）调控中心：10min 后，遥控拉开 110kV B 变电站 2 号主变压器 102 断路器，检查 102 断路器有关信息正确。

（5）110kV B 变电站：拉、合 2 号主变压器 102 断路器 4 次对 1 号主变压器充电（注意每次间隔 5min），最后保留 2 号主变压器 102 断路器在合位。

6. 110kV B 变电站 35kV Ⅰ 母及 10kV Ⅰ 母送电

（1）调控中心：遥控台上 110kV B 变电站 1 号主变压器 301 断路器，检查 301 断路器有关信息正确。

（2）110kV B 变电站：检查 301 断路器运行正常、35kV Ⅰ 母电压正常。

（3）调控中心：遥控拉开 110kV B 变电站 1 号主变压器 301 断路器，检查 301 断路器有关信息正确。

（4）110kV B 变电站：拉、合 1 号主变压器 301 断路器 2 次，最后保留 301 断路器在合位。

（5）调控中心：遥控合上 110kV B 变电站 1 号主变压器 801 断路器，检查 801 断路器有关信息正确。

（6）110kV B 变电站：检查 801 断路器运行正常、10kV Ⅰ 母电压正常。

（7）调控中心：遥控拉开 110kV B 变电站 1 号主变压器 801 断路器，检查 801 断路器有关信息正确。

（8）110kV B 变电站：拉、合 1 号主变压器 801 断路器 2 次，最后保留 801 断路器在合位。

7. 110kV B 变电站 35kV Ⅱ 母及 10kV Ⅱ 母送电

（1）调控中心：遥控合上 110kV B 变电站 2 号主变压器 302 断路器，检查 302 断路器有关信息正确。

（2）110kV B 变电站：检查 302 断路器运行正常、35kV Ⅱ 母电压正常。

（3）调控中心：遥控拉开 110kV B 变电站 2 号主变压器 302 断路器，检查 302 断路器有关信息正确。

（4）110kV B 变电站：拉、合 2 号主变压器 302 断路器 2 次，最后保留 302 断路器在合位。

（5）调控中心：遥控合上 110kV B 变电站 2 号主变压器 802 断路器，检查 802 断路器有关信息正确。

（6）110kV B 变电站：检查 802 断路器运行正常、10kV Ⅱ 母电压正常。

（7）调控中心：遥控拉开 110kV B 变电站 2 号主变压器 802 断路器，检查 802 断路器有关信息正确。

（8）110kV B 变电站：拉、合 2 号主变压器 802 断路器 2 次，最后保留 802 断路器在合位。

8. 110kV B 变电站 35kV 分段 300 断路器、10kV 分段 500 断路器送电及 35kV Ⅰ、Ⅱ 母 TV 核相，10kV Ⅰ、Ⅱ 母 TV 核相

（1）110kV B 变电站：

1）许可 35kV Ⅰ、Ⅱ 母 TV 二次核相。

2）核相正确后，拉开 1 号主变压器 301 断路器，拉开 1 号主变压器 301 - 3 隔离开关，合上 35kV 分段 300 - 1、300 - 2 隔离开关。

（2）调控中心：遥控合上 110kV B 变电站 35kV 分段 300 断路器，检查 300 断路器有关

信息正确。

（3）110kV B变电站：检查300断路器运行正常。

（4）调控中心：遥控拉开110kV B变电站35kV分段300断路器，检查300断路器有关信息正确。

（5）110kV B变电站：

1）拉、合35kV分段300断路器2次，最后保留300断路器在合位。

2）再次许可35kVⅠ、Ⅱ母TV二次核相（两次相同则35kVⅠ、Ⅱ母相序一致）。

3）核相结束后，拉开35kV分段300断路器，合上1号主变压器301-3隔离开关，合上1号主变压器301断路器。

4）许可10kVⅠ、Ⅱ母TV二次核相。

5）核相正确后，拉开1号主变压器801断路器，将1号主变压器801断路器手车由运行位置拉至试验位置。

6）将10kV分段800-2小车隔离开关推至运行位置。

7）将10kV分段800小车断路器推至运行位置。

（6）调控中心：遥控合上110kV B变电站10kV分段800断路器，检查800断路器有关信息正确。

（7）110kV B变电站：检查800断路器运行正常。

（8）调控中心：遥控拉开110kV B变电站10kV分段800断路器，检查800断路器有关信息正确。

（9）110kV B变电站：

1）拉、合10kV分段800断路器2次，最后保留800断路器在合位。

2）再次许可10kVⅠ、Ⅱ母TV二次核相（两次相同则10kVⅠ、Ⅱ母相序一致）。

3）核相结束后，拉开10kV分段800断路器，将1号主变压器801断路器手车推至运行位置，合上1号主变压器801断路器。

9. 110kV B变电站35kV分段和10kV分段互投装置传动

110kV B变电站：投入35kV分段300断路器互投；投入10kV分段800断路器互投；分别拉1、2号主变压器101、102断路器，传动35、10kV互投装置；传动完毕，退出35kV分段300断路器互投；退出10kV分段500断路器互投；恢复110kV B变电站1、2号主变压器中低压侧解列运行。

10. 110kV B变电站110kV分段互投装置传动

110kV B变电站：投入110kV分段120断路器互投；分别拉110kV A变电站110kV AB线111断路器，110kV C变电站110kV CB线132断路器；传动110kV互投装置；传动完毕，退出110kV分段120断路器互投；恢复110kV B变电站1、2号主变压器高压、中压、低压三侧解列运行。

11. 110kV AB线两侧断路器、110kV CB线两侧断路器，110kV B变电站110kV母线差动保护带负荷测向量

（1）分别退出110kV AB线，110kV CB线两侧断路器光纤保护。

（2）110kV B变电站：退出110kV母线差动保护，合上110kV分段120断路器。

（3）110kV B变电站：检查110kV AB线122断路器，110kV CB线121断路器带负荷

运行后，许可进行保护仪表测向量和 110kV 母线差动保护测向量；所测向量全部正确后，投入 110kV 母线差动保护。

（4）检查 220kV A 变电站 110kV AB 线 111 断路器、110kV C 变电站 110kV CB 线 132 断路器带负荷运行后，许可进行保护仪表测向量。

（5）以上所测向量全部正确后，投入 110kV AB 线、110kV CB 线两侧断路器光纤保护。

（6）220kV A 变电站退出 110kV 100 母联断路器充电保护。

（7）110kV C 变电站退出 110kV 分段 130 断路器充电保护。

12.110kV B 变电站 10kV 1、2 号电容器，1、2 号站用变压器送电；3 kV 分路、10kV 分路送电

（1）110kV B 变电站：

1）检查 10kV Ⅰ、Ⅱ 母电压情况，必要时调整 1、2 号主变压器分接头，降低母线电压。

2）投入 10kV 1 号电容器 813 断路器保护。

3）将 10kV 1 号电容器 813 断路器手车推至运行位置。

（2）调控中心：遥控合上 110kV B 变电站 10kV 1 号电容器 813 断路器，检查 813 断路器有关信息正确。

（3）110kV B 变电站：检查 813 断路器运行正常，检查 10kV 1 号电容器运行正常。

（4）调控中心：5min 后，遥控拉开 110kV B 变电站 10kV 1 号电容器 813 断路器，检查 813 断路器有关信息正确。

（5）110kV B 变电站：

1）拉、合 10kV 1 号电容器 813 断路器 2 次（每次拉合断路器时间间隔 5min 以上），最后保留 813 断路器在合位。

2）10kV 2 号电容器 814 断路器送电与 10kV 1 号电容器 813 断路器送电过程一样，省略。

3）10kV 1、2 号站用变压器由站内自行启动送电，送电后将 1 号站用变压器运行，2 号站用变压器充电备用。

4）10、35kV 各分路送电，过程简单，此处省略。

13.110kV B 变电站 1、2 号主变压器带负荷测向量

110kV B 变电站操作如下：

（1）退出 1、2 号主变压器差动保护，合上 110kV 分段 120 断路器、10kV 分段 800 断路器。

（2）拉开 2 号主变压器 802 断路器，检查 1 号主变压器带负荷后，许可 1 号主变压器对高—低压带负荷进行保护仪表测向量。

（3）合上 2 号主变压器 802 断路器，拉开 1 号主变压器 801 断路器，检查 2 号主变压器带负荷后，许可 2 号主变压器对高—低压带负荷进行保护仪表测向量。

（4）合上 35kV 分段 300 断路器，拉开 2 号主变压器 102 断路器。

（5）检查 2 号主变压器 302 断路器带负荷运行后，许可 1 号主变压器高—中压和 2 号主变压器中—低压带负荷进行保护仪表测向量。

（6）测向量正确后，合上 2 号主变压器 102 断路器、1 号主变压器 801 断路器；拉开 2

号主变压器 802 断路器、1 号主变压器 101 断路器。

（7）检查 1 号主变压器 301 断路器起负荷运行后，许可 2 号主变压器高—中压和 1 号主变压器中—低压带负荷进行保护仪表测向量。

（8）测向量正确结束后，拉开 10kV 1、2 号电容器 813 断路器、814 断路器；投入 1、2 号主变压器差动保护；恢复 1、2 号主变压器高中低压三侧解列运行。

14. 方式恢复

（1）220kV A 变电站：恢复 110kV 母线正常运行方式。

（2）110kV B 变电站：合上 110kV 分段 120 断路器，拉开 110kV CB 线 121 断路器。

（3）110kV C 变电站：

1）拉开 110kV CB 线 132 断路器，拉开 110kV 分段 130 断路器。

2）合上 2 号主变压器 110kV 侧 132 - 2 隔离开关，合上 110kV 母线分段 130 断路器。

3）合上 110kV CB 线 132 断路器，合上 2 号主变压器 502 断路器。

4）拉开 10kV 母线分段 500 断路器；投入 10kV 分段 500 断路器备用电源自动投入装置。

5）拉开 2 号主变压器 110kV 侧中性点接地开关。

（4）110kV B 变电站：

1）合上 110kV CB 线 121 断路器，拉开 110kV 分段 120 断路器。

2）投入 1 号主变压器间隙保护，拉开 1 号主变压器 110kV 侧中性点 1010 隔离开关。

3）退出 1 号主变压器零序保护，投入 110kV 分段断路器、35kV 分段断路器、10kV 分段断路器备互投，待站内带负荷运行后，投入相关线路断路器重合闸。

【任务评价】

任务完成后需认真填写任务评价表，10kV 变电站新设备启动送电操作技术原则及实训任务评价表见表 5 - 1。

表 5 - 1　　　　10kV 变电站新设备启动送电操作技术原则及实训任务评价表

110kV 变电站新设备启动送电操作技术原则及实训						
姓名		学号				
序号	评分项目	评分内容及要求	评分标准	扣分	得分	备注
1	预备工作（10 分）	（1）规范着装。（2）工作环境检查到位	（1）未按规定着装，每处扣 1 分。（2）检查工作台是否整洁、准备工作是否充分、资料是否完备。不满足一项扣 2 分。（3）以上扣分，扣完为止			
2	启动前具备条件（20 分）	（1）明确启动范围。（2）明确启动条件。（3）启动前方式准备	（1）未填写待启动设备扣 2 分。（2）未填写启动前准备工作扣 2 分。（3）未填写启动前运行方式调整扣 2 分。（4）以上扣分，扣完为止			

序号	评分项目	评分内容及要求	评分标准	扣分	得分	备注
3	启动过程（50分）	（1）使用设备双重名称。 （2）正确启动线路。 （3）正确启动母线。 （4）正确启动主变压器。 （5）启动逻辑顺序正确	（1）未使用每处扣1分。 （2）错项、漏项每处扣2分。 （3）逻辑顺序颠倒扣50分。 （4）以上扣分，扣完为止			
4	启动后恢复方式（20分）	（1）恢复正常运行方式。 （2）符合设备的四种标准状态，与操作任务相符，主要步骤无遗漏。 （3）相关保护部分的正确投退	（1）未正确恢复正常运行方式每处扣1分。 （2）多余或错、漏项，每处扣2分。 （3）未按规程要求投退保护的，每处扣2分。 （4）以上扣分，扣完为止			
5	总分100分					

| 开始时间：　时　分
结束时间：　时　分 | | | | 实际时间：
　时　分 | | |
| 教师 | | | | | | |

【任务扩展】

（1）新设备启动前必须具备哪些条件？

（2）新变压器或大修后的变压器在正式投运前为什么要做冲击试验？一般要冲击几次？

（3）根据当地电网实际情况，安排某新设备投运的仿真实训。

附录A 电网主接线图

电网主接线图如图 A.1 所示。

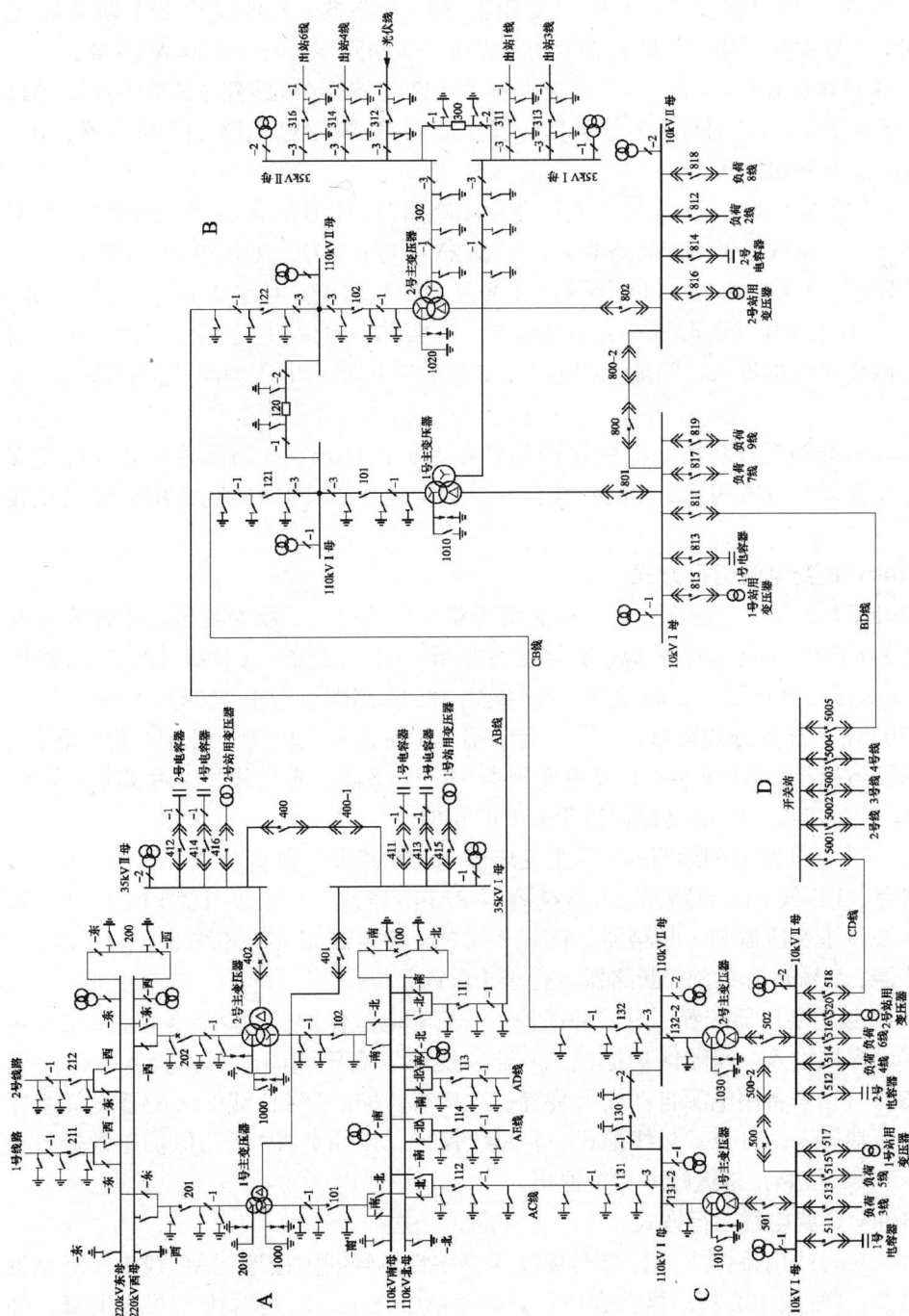

图 A.1 电网主接线图

附录 B 电网运行方式

一、220kV A 变电站运行方式

（1）220kV 双母并列运行；2 号主变压器并列运行；1 号主变压器中性点直接接地，2 号主变压器中性点经间隙接地；1 号主变压器 201 断路器、1 号线路 211 断路器运行于 220kV 东母；2 号主变压器 202 断路器、2 号线路 212 断路器运行于 220kV 西母。

（2）110kV 双母并列运行；1 号主变压器 101 断路器，AB 线路 111 断路器、AD 线路 113 断路器运行于 110kV 南母；2 号主变压器 102 断路器、AC 线路 112 断路器、AE 线路 114 断路器运行于 110kV 北母。

（3）35kV 单母分段运行；1 号主变压器 401 断路器、1 号电容器 411 断路器、3 号电容器 413 断路器、1 号站用变 415 断路器运行于 35kV Ⅰ 母；2 号主变压器 402 断路器、2 号电容器 412 断路器、4 号电容器 414 断路器、1 号站用变压器 416 断路器运行于 35kV Ⅱ 母。

（4）1、2 号主变压器各配置一套差动保护、一套非电量保护、两套后备保护；1 号主变压器高中压侧零序保护投入，间隙保护退出；2 号主变压器高中压侧间隙保护投入，零序保护退出。

（5）220kV 线路配置双套光纤主保护及后备保护；110kV 线路配置一套光纤主保护及后备保护，正常运行方式投入；35kV 电容器配置常规保护；35kV 侧备用电源自动投入装置投入。

二、110kV B 变电站运行方式

（1）110kV Ⅰ、Ⅱ 母分列运行；2 号主变压器分列运行；1 号主变压器中性点经间隙接地，2 号主变压器中性点直接接地；1 号主变压器 101 断路器、CB 线 121 断路器运行于 110kV Ⅰ 母；2 号主变压器 102 断路器、AB 线路 122 断路器运行于 110kV Ⅱ 母。

（2）35kV Ⅰ、Ⅱ 母分列运行；1 号主变压器 301 断路器、出线 1 线 311 断路器、出线 3 线 313 断路器运行于 35kV Ⅰ 母；2 号主变压器 302 断路器、光伏线 312 断路器、出线 4 线 314 断路器，出线 6 线 316 断路器运行于 35kV Ⅱ 母。

（3）10kV Ⅰ、Ⅱ 母分列运行；1 号主变压器 801 断路器、负荷 7 线 517 断路器、负荷 9 线 519 断路器、BD 线 511 断路器、1 号电容器 813 断路器、1 号站用变 815 断路器运行于 10kV Ⅰ 母；2 号主变压器 802 断路器、负荷 2 线 812 断路器、负荷 8 线 818 断路器、2 号电容 814 断路器、2 号站用变 816 断路器运行于 10kV Ⅱ 母。

（4）1、2 号主变压器配置一套差动保护、一套非电量保护、一套后备保护；2 号主变压器高压侧零序保护投入，间隙保护退出；1 号主变压器高压侧间隙保护投入，零序保护退出。110、35、10kV 备用电源自动投入装置投入运行。35kV 光伏线 312 配置光纤主保护及后备保护，正常投入。110kV 母线配置一套母线保护。110kV AB 线路保护正常运行方式下投入，110kV CB 线路正常运行方式下退出。

三、110kV C 变电站运行方式

（1）110kV 母线内桥接线；1、2 号主变压器中性点经间隙接地；AC 线 131 断路器、分段 130 断路器、CB 线 132 断路器在合位；110kV AC 线 131 断路器接 110kV Ⅰ 母，经分段

130 断路器供 110kV Ⅱ母及 110kV BC 线 132 断路器运行。

（2）10kV 母线Ⅰ、Ⅱ母分列运行；1 号主变压器 501 断路器、1 号电容器 511 断路器、负荷 3 线 513 断路器、负荷 5 线 515 断路器、1 号站用变压器 517 断路器运行于 10kVⅠ母；2 号主变压器 502 断路器、2 号电容器 512 断路器、负荷 4 线 514 断路器、负荷 6 线 516 断路器（空充线路）、CD 线 518 断路器（D 开关站主供）、2 号站用变压器 520 断路器运行于 10kV Ⅱ母。

（3）1、2 号主变压器各配置一套差动保护、一套非电量保护、一套后备保护；1、2 号主变压器高压侧零序保护，间隙保护投入；110kV CB 线线路保护正常运行方式下投入，110kV AC 线线路保护正常运行方式下退出；110kV 备用电源自动投入装置退出运行；10kV 备用电源自动投入装置投入运行；10kV 线路配置过电流保护，正常运行方式下投入；10kV 电容器配置常规保护，正常运行方式下投入。

四、10kV D 开关站运行方式

（1）开关站装设一段 10kV 母线；有 5 条 10kV 线路，分别是 CD 线 5D01 断路器（来自 C 站主供电源）、2 号线路 5D02（出线）、3 号线路 5D03（出线）、4 号线路 5D04（出线）、5 号线路 5D05（来自 B 站备用电源）。

（2）所有线路各配置过电流保护，10kV CD 线与 BD 线线路保护退出，其他线路保护投入。

参 考 文 献

［1］国家电力调度控制中心.配电网典型故障案例分析与处理［M］.北京：中国电力出版社，2018.

［2］国家电力调度控制中心.电网调控运行实用技术问答.第 3 版［M］.北京：中国电力出版社，2015.

［3］国家电网公司人力资源部.电网调度［M］.北京：中国电力出版社，2011.

［4］国家电力调度控制中心.电网调控运行人员实用手册［M］.北京：中国电力出版社，2013.

［5］国家电网公司人力资源部.变电运行（220kV）［M］.北京：中国电力出版社，2010.